Osprey Aircraft of the Aces

Wildcat Aces of World War 2

Barrett Tillman

[日本語版監修] 渡辺洋二

大日本絵画

Osprey Aircraft of the Aces
オスプレイ・ミリタリー・シリーズ

世界の戦闘機エース
8

第二次大戦の
ワイルドキャットエース

［著者］
バレット・ティルマン
［訳者］
岩重多四郎

カバー・イラスト／イアン・ワイリー　　　フィギュア・イラスト／マイク・チャペル
カラー塗装図／クリス・デイヴィー　　　スケール・イラスト／マーク・スタイリング
　　　　　　　キース・フレットウェル　　カラー塗装図解説／ジョン・レイク
　　　　　　　ジョン・ウィール

カバー・イラスト解説
一撃必殺の狩人、第121海兵戦闘飛行隊ジョー・フォス大尉が、F4F-4のブローニング12.7mm機銃6挺の鋭い一連射を2機目の一式陸攻に放つ。その下では同じくフォスの驚異的射撃精度の犠牲者、三沢航空隊の三菱製一式陸上攻撃機が致命的打撃を受けて、ガダルカナル島沖の「お堀」へと墜落しつつある。この戦闘が発生した1942年10月18日の出撃で、フォスは爆撃機との戦闘以前にも零戦2機撃墜、1機撃破を報告しており、ヘンダーソン基地配属わずか9日にして、はやくもエースとなった。

凡例
■本書に登場する米英の飛行隊に与えた主な日本語呼称は以下の通りである。また、必要に応じて略称も用いた。
米海軍(USN＝United States Navy)
Fighting Squadron(VFと略称)→戦闘飛行隊(例：第42戦闘飛行隊)、Bombing Squadron(VBと略称)→爆撃飛行隊(例：第8爆撃飛行隊)、Torpedo Squadron(VTと略称)→雷撃飛行隊(例：第5雷撃飛行隊)、Escort Carrier Fighting Squadron(VGFと略称)→護衛空母戦闘飛行隊(例：第11護衛空母戦闘飛行隊)、Composite Squadron(VCと略称)→混成飛行隊(例：第11混成飛行隊)、Composite Observation Squadron(VOCと略称)→混成観測飛行隊(例：第1混成観測飛行隊)
米海兵隊(USMC＝United States Marine Corps)
Marine Fighter Squadron(VMFと略称)→海兵戦闘飛行隊(例：第211海兵戦闘飛行隊)、Marine Observation Squadron(VMOと略称)→海兵観測飛行隊(例：第251海兵観測飛行隊)
米陸軍航空隊(USAAF＝United States Army Air Force)
Squadron→飛行隊
英海軍航空隊(FAA＝Fleet Air Arm)
Squadron→飛行隊(例：第802飛行隊)
このほかの各国については適宜日本語呼称を与えた。
■搭載火器について、本書では便宜上口径20mmに満たないものを機関銃、それ以上を機関砲と記述した。

翻訳にあたっては「Osprey Aircraft of the Aces 3 Wildcat Aces of World War 2」の1999年に刊行された版を底本としました。また、日本語版の編集にあたって、防衛庁防衛研修所戦史室編『戦史叢書』各巻、零戦搭乗員会編『海軍戦闘機隊史』(1987年、原書房刊)ほかを参照しました。［編集部］

目次 contents

頁	章	
6	1章	米海軍航空の戦前──そして緒戦 pre-war naval aviation and early campaigns
12	2章	ミッドウェイ midway
18	3章	ガダルカナル guadalcanal
44	4章	攻勢開始 on the offensive
66	5章	ヨーロッパと大西洋の戦い toach and leader
71	6章	東部産ワイルドキャットの戦歴 the eastern wildcat
77	7章	英海軍航空隊 fleet air arm
92	8章	訓練 training
94	9章	戦果判定と機体の評価 victory credits and wildcat evaluation

50	カラー塗装図 colour plates
99	カラー塗装図解説

62	パイロットの軍装 figure plates
105	パイロットの軍装解説

chapter 1

米海軍航空の戦前──そして緒戦
pre-war naval aviation and early campaigns

　アメリカ海軍が全力で戦時体制に入った1941年12月、その航空兵器は転換期を迎えていた。戦闘機も空母CV-5「ヨークタウン」の部隊が機材をF3F-3からF4F-3ワイルドキャットに改変し、ようやく複葉艦戦が姿を消したばかりであった。
　ワイルドキャットは当時の最先端を行く航空機であった。プラット＆ホイットニーR-1830-76星型エンジンを動力とするF4F-3は、米海軍で艦隊運用にいたった3番目の単葉機であった。少数生産型の-3Aは1段2速加給器のR-1830-90を搭載していたが、いずれの型も出力1200馬力で主翼は固定（折り畳み機能なし）、ブローニング.50口径（12.7mm）機銃を4門装備していた。
　真珠湾攻撃当時、米海軍は空母7隻を就役させており、うち3隻がハワイの太平洋艦隊に配備されていた。12月7日（米時間、以下同じ）は、CV-2「レキシントン」が海兵隊の偵察爆撃機をミッドウェイ島へ輸送中、CV-6「エンタープライズ」は海兵戦闘飛行隊をウェーク島に下ろしたところ。またCV-3「サラトガ」はこのころカリフォルニア州サンディエゴ泊地にあって、自艦搭載機群とあわせて、海兵戦闘飛行隊の積み込みを行っているところだった。
　大西洋方面では「ヨークタウン」が少々困った事態に見舞われていた。自艦配備の第5戦闘飛行隊がたまたま中立哨戒へ派遣されていたため、急遽僚艦CV-4「レンジャー」の所属部隊であるVF-42を乗せて太平洋へ向かったのだ。いずれも最後には日本海軍の餌食となってしまうことになる新造の2空母、CV-7「ワスプ」とCV-8「ホーネット」は当初、やはり大西洋の配備だった。［編注：中立哨戒＝Neutrality Patrol。1939年9月1日にポーランド侵攻を開始したドイツに対し、英仏はあいついで宣戦布告したが、アメリカ大統領は9月5日に中立を宣言。大西洋側と西インド諸島で、交戦国に対する中立哨戒を実施するよう海軍に命じた。翌6日、大西洋方面を哨戒する組織が編成され、米国の参戦まで中立哨戒を実施した］
　米海軍の空母は、若干は機種不統一はあるものの（「レキシントン」はまだワイルドキャットでなくブルースター・バッファローを使っていた）、各艦4個飛行隊のなかなかバランスの取れた航空群を搭載していた。2個戦闘飛行隊を擁する「レンジャー」と「ワスプ」を除き、いずれもダグラスSBD-2/-3ドーントレス

あらゆるワイルドキャットの先祖であるグラマン社製試作機、XF4F製造番号（BuNo）0383。1937年9月2日の初飛行以来、2年以上もの期間にわたって改修を繰り返し、1939年末の時点では外見も生産型F4F-3が採用した仕様に近くなっていた。この秀逸な一葉は1939年初めの改修途中段階における同機を示す。(via Phill Jarrett)

空母「レンジャー」所属第42戦闘飛行隊の新着機材、F4F-3。1941年春、ヴァージニア州ノーフォーク海軍飛行基地で離陸のためタキシング中。手前の機は「42-F-8」号機で、アルミ色の胴体、グリーンの尾翼、クロームイエローの主翼が特徴的。同機は垂直安定板の製造番号が2527とあり、ワイルドキャット通算67番目の初期生産機だ。(via Robert L Lawson)

急降下爆撃機2個飛行隊、ダグラスTBD-1デヴァステーター雷撃機1個飛行隊、そしてF4F-3/-3A「フィトロン(FitRon：Fighter Squadron＝戦闘飛行隊の略称)」1個の編成。各隊定数18機で、これにCAG(Air Group Commander＝航空群司令)用のSBD1機が加わった。

　戦前の航空群は母艦の艦番号でなく艦名を呼称としていた。たとえば「レキシントン」は艦番号CV-2で、搭載飛行隊も全部同じ数字の隊番号を付けている(VB-2、VF-2、VS-2、VT-2)が、第2航空群とは呼ばず「レキシントン」航空群と称していた。なお最初から特定の母艦と関連がない、番号を付した航空軍が初めて出現するのは下って1942年中期で、この当時はまだ母艦との関連で名を呼ばれていた。この点について、これまでに刊行された資料の一部には異なる記述が見られる。

[訳注：ここまで本文に登場しないCV-1「ラングレー」は実験用の改装空母で、改装前に水上機母艦に格下げされている。のちにCVL-27が艦名の「ラングレー」を襲名する]

　ワイルドキャットは艦隊用機材としては、まだ新型であった。グラマン社ベスペイジ工場からF4F-3の生産第1バッチが第4戦闘飛行隊へ引き渡されたのは、1940年11月、やっと1年前のことだった。もっともこのころ英海軍航空隊(FAA：Fleet Air Arm)では、まさしく同隊初の近代的戦闘機となる輸出型のG-36Aをすでに運用していた。本機種は当初仏海軍航空隊(Aéronavale)が発注したもので、1940年夏の独軍フランス侵攻時にイギリスへ振替供給され、同国でマートレットIと改名された。

　1941年12月当時米海軍は9個戦闘飛行隊(Fighting Squadron、名称にFighterを用いるのは第2次大戦後)、海兵隊は4個を保有、うち海軍1個隊、海兵隊1個隊はブルースターF2A-3バッファローを使用し、のこりがF4F-3または-3A装備で作戦態勢下にあるか、もしくは改変途上だった。

　真珠湾攻撃の時点で作戦態勢下にあった海軍のワイルドキャットは大西洋艦隊103機、太平洋艦隊29機の計131機。海兵隊はヴァージニアの2個、ハワイの1個飛行隊で本機61機を保有、そのほかに艦隊予備と諸部隊に20余機があった。ところが海軍部隊では装備定数の48％を満たすのみという、深刻な機数不足に直面していた。グラマンの生産現場は割当生産数に追いつこうと必死だった。とはいえ皮肉にも海兵隊は装備定数の112％と、機体を余分に確保していた(海兵隊は昔から員数外を貯め込む癖があったのだ)。

　F4F部隊の内部構成はほかの艦載飛行隊となんら変わりない。各機を3ないし4個小隊(Division)に分け、それぞれを飛行隊長(Commanding Officer：CO)、副隊長(Executive Officer：XO)、編隊長(Flight〈Operations〉Officer)が指揮する。ただし、1941年末ころの海軍戦闘機隊関係者のなかでは、理論的な大変革が進んでいた。大半のワイルドキャットやバッファローの部隊では複葉機時代までさかのぼる3機分隊、6機小隊制がなお用いられ続けていたが、ヨーロッパでの戦訓は2機分隊、4機小隊制が有効であることを示していた(それぞれSection、Divisionと称するが、米陸軍航空隊の用語ではElement、Flightにあたる)。長機と列機のペア2個とするほうが、トリオ2組よりも指揮統

大戦初期仕様のマーキングを施した第72戦闘飛行隊「フォックス(F)14」号機、ノースカロライナ州ブンゴ飛行場で着陸事故ののち、回収するところ。グレイ2色の迷彩と側面の機番(72F14)もよくわかるが、この機の場合、標準的表示法ながら通常は使用される飛行隊番号、機種、個機番号を区分するハイフンがない。第72戦闘飛行隊は空母「ワスプ」を母艦として行動したが、1942年9月同艦が沈没、以後空母「ホーネット」とガダルカナル島陸上基地から、ソロモン作戦の相当期間を戦う。1942年の部隊戦果は38機で、所属したエースは6人いるが、本部隊在籍期間中に5機撃墜を記録したのはG・L・レン少尉のみ。(via Robert L Lawson)

所属部隊不明のF4F-3。梯形編隊の左翼を担当する4機小隊の長機パイロットが、カメラをもつ身をよじ曲げて、列機を収めたもの。開戦数カ月前の1941年8月の撮影で、胴体、主翼双方の国籍表示側面に通常は見られない赤十字を付けているが、これはルイジアナ州で行われた合同兵棋演習の際適用されたもの。(via Phil Jarrett)

率が容易で、より柔軟性があり、この戦術転換から総合的戦力も増大するといった利点が得られた。高速で機動し目まぐるしく変化する空中戦闘中には精密な編隊を保つのは困難で、単機の状態でいるときによく訓練された2機編隊に捕まえられたら運が尽きたも同然だ。日本側がこの世界的な趨勢に従ったのは1943年半ばのころで、けっきょくこれが実戦での優劣を決したのである。

1942年1月の米海軍、および海兵隊戦闘飛行隊は、新旧搭乗員がかなり入り混じった状態だった。隊長、副隊長はほとんど海軍大学卒の古参大尉か少佐で、普通複数機種の搭乗経験があり、少なくとも3000時間以上は飛んでいた。たとえば「サラトガ」航空群第3戦闘飛行隊を指揮したジョン・S・サッチ少佐は、1930年以来戦闘飛行隊だけでなく哨戒飛行隊でも勤務していた。

中堅搭乗員はたいてい中尉で、機関、射撃、航法など各部門の管理指導も兼任していた。しかし各隊所属搭乗員の大多数を占めていたのは少尉である。大半はペンサコラの飛行学校を出ばかりであったが、なかには3年もの艦隊勤務経験をもつ者もいた。

最後になるが、海軍は（小規模だが海兵隊も）未任官飛行士の枠を設けていた。海軍航空操縦要員（Naval Aviation Pilots：NAP）と名付けられていたこれら下士官搭乗員は、このころすでに高い能力や経験をもつことで知られており、ほぼ全員が真珠湾攻撃後年内に任務に就き、指導的な部署へと昇格したものも多い。しかしアナポリス（海軍士官学校）出の士官のなかには、NAPを適切に処遇せず、かれらの専門的な能力を存分に活かしきれなかった者もいた。NAPは1970年ころに最後の該当者が退役して制度の終結を迎えている。

下士官の指揮下「白帽」4名が第3戦闘飛行隊所属機に左主翼を装着準備中。注意してほしいのが風防下のエンブレム「フェリックス・ザ・キャット」。1941年以降多くの部隊で用いられ、海軍航空ではもっとも多く使われ続けたインシグニアのひとつだ。このほか上方には格納庫甲板天井に懸吊する方式で第3偵察飛行隊のSBD-2、第3雷撃飛行隊のTBD-1が格納されている。これらの部隊（および第3爆撃飛行隊）は当初空母「サラトガ」配備だったが、1942年中はほかの空母に搭載されて作戦に参加した。
(via Robert L Lawson)

海兵隊のF4F部隊は海軍と、ある点を除いて実質的に同じだった。海兵隊搭乗員のほぼ全員が空母での離着艦を行えた。しかし、正式に空母での作戦を割り当てられた部隊は1944年までなかったのである。その理由のひとつには、空母自体の数が少なく、しかも1942年のあいだはなお減少しつつある状態だったこともあった。しかし海兵隊の航空兵力は原則的に歩兵や砲兵の支援兵力とされていたことから、ガダルカナルや他地域で空母の甲板上から出撃した部隊も若干あるとはいえ、各部隊は基本的に陸上基地から飛び立って、「泥んこ海兵隊」の戦闘を直接支援していたのである。

1941年の空母「サラトガ」。エレベーターで飛行甲板へ上がるのは機付搭乗員の乗った「3-F-9」号機。ほかの「ファイティング・スリー」所属ワイルドキャット群はすでに車輪止めと繋止索で固縛されている。当時空母搭載戦闘飛行隊の定数は機材18機と搭乗員19〜20名だったが、緒戦の経験からより多くのF4Fが至急必要とされた。そのため、ミッドウェイ海戦のころは機数をF4F 27機へと増していた。
(via Robert L Lawson)

日米開戦
Campaigns

米軍におけるグラマンのささやかな実戦デビューは、不吉なものであった。英海軍のマートレットが1940年のクリスマスに早くもドイツ機を撃墜する一方、米海軍のF4Fは味方撃ちによって初めての損失を被ってしまったのである。1941年12月7日夕刻、空母「エンタープライズ」は真珠湾のフォード島へ6機のF4F-3を回送したが、信号の混乱から悲劇が生じた。（日本軍の真珠湾奇襲によって）怯えきった戦争神経症ぎみの対空砲員が、味方機の着陸とわからず第6戦闘飛行隊の各機へ砲火を放ち、視界不良と混乱のなかでF4F 2機が墜

落、ほか2機の搭乗員が機外脱出したが、熟練搭乗員3名が殉職する大惨事となった。「皆勤の勇士」と称される太平洋戦域のワイルドキャットの身上はこうして始まったのである。

ウェーク島の攻防
Wake Island

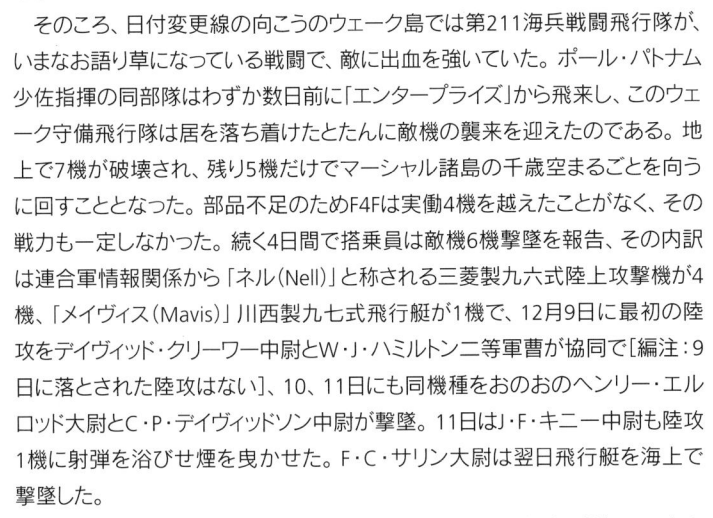

1942年初め、太平洋の某所で所属不明のF4F-3が掩蔽式分散待機所へ移動するところをとらえた、めずらしい写真。植生からするとハワイ諸島のどこからしいが、正確な場所と時期はやはり謎である。下草を刈り取られた土の誘導路が単機用掩体に続いており、奥のワイルドキャットが入っているところは、対空所在掩蔽のため擬装網を被っている。(via Aeroplane)

　そのころ、日付変更線の向こうのウェーク島では第211海兵戦闘飛行隊が、いまなお語り草になっている戦闘で、敵に出血を強いていた。ポール・パトナム少佐指揮の同部隊はわずか数日前に「エンタープライズ」から飛来し、このウェーク守備飛行隊は居を落ち着けたとたんに敵機の襲来を迎えたのである。地上で7機が破壊され、残り5機だけでマーシャル諸島の千歳空まるごとを向うに回すこととなった。部品不足のためF4Fは実働4機を越えたことがなく、その戦力も一定しなかった。続く4日間で搭乗員は敵機6機撃墜を報告、その内訳は連合軍情報関係から「ネル(Nell)」と称される三菱製九六式陸上攻撃機が4機、「メイヴィス(Mavis)」川西製九七式飛行艇が1機で、12月9日に最初の陸攻をデイヴィッド・クリーワー中尉とW・J・ハミルトン二等軍曹が協同で[編注：9日に落とされた陸攻はない]、10、11日にも同機種をおのおのヘンリー・エルロッド大尉とC・P・デイヴィッドソン中尉が撃墜。11日はJ・F・キニー中尉も陸攻1機に射弾を浴びせ煙を曳かせた。F・C・サリン大尉は翌日飛行艇を海上で撃墜した。

　第211海兵戦闘飛行隊はその後も2週間以上、キニー中尉の指揮下で小さな奇跡を重ねた。あらゆる援助を断たれ、爆弾、銃弾、予備部品から工具まで著しく不足するなかで、廃機からの部品を転用し、不断の改造をしながら敵の航空、海上兵力に小粒ながら効果的な抵抗を続けたのだ。資材が減っていくなか（最後には可動機が2機のみとなった）パトナム隊は敵艦2隻撃沈［編注：駆逐艦「如月」を撃沈、もう1隻の駆逐艦「疾風」は砲台の射撃で撃沈］、敵機8機撃墜を報告する。最後の空戦は22日、日本空母機がウェーク島を空襲したときに起こった。H・C・フルーラー大尉が迎撃を指揮したが、搭乗員1名と残存F4F両機を失った。翌朝2度目の揚陸作戦で日本側が島を占拠した際、搭乗員や整備員は陸兵となって戦った。

　そのころまでに米太平洋艦隊は再編を済ませ、最初の実験戦術を起案しうる状況となった。すなわち敵基地を狙った一連の一撃離脱空襲作戦である。2月1日、「ビッグE」（「エンタープライズ」）はマーシャル諸島クエゼリン環礁に対する攻撃隊を発進させた。第6戦闘飛行隊は小型爆弾を投下後、三菱製九六式艦上戦闘機「クロード(Claude)」と交戦、W・E・レイゥィー中尉が反航戦で1機撃墜した。これが空母部隊のF4Fの初戦果で、同日午後にはW・F・ハルゼー少将指揮するこの機動部隊を急襲した日本陸攻隊からも戦果をあげている［編注：九六陸攻2機が撃墜された］。

1942年2月、第3戦闘飛行隊のF4F-3が甲板士官の発艦信号（手前の腕を伸ばすジェスチュアをとっている人物）を受けるようすをとらえた実戦写真。ニューブリテン島ラバウル沖400海里（740km）を遊弋する空母「レキシントン」艦上の状況である。「ファイティング・スリー」は名指揮官ジョン・S・サッチ少佐の下、その乗艦を葬るべく送り込まれた三菱製一式陸上攻撃機17機からなる部隊を撃滅、米海軍の新たな歴史を作ろうとしている。この戦闘の2カ月後「レックス」は短期修理の際、砲塔装備で重いがほとんど無用の8インチ砲(20cm砲。本写真の背景に見えるもの)をいずれも撤去し、同位置に1.1インチ(28mm)四連装対空機銃を備える。(via Aeroplane)

時を同じくして、新着の空母「ヨークタウン」はギルバート諸島の日本基地攻撃を企図。天候不良のため作戦は不調だったが、第42戦闘飛行隊は同日午後機動部隊付近で川西製飛行艇1機を撃墜した。だが早々の戦果も悪天候と搭乗員の経験不足で作戦損失が大きかったため、相殺される結果となった［編注：2月1日の戦闘では両母艦から空戦で4機、地上砲火で4機、悪天候等で6機、計14機が失われた］。

ニューギニア沖海戦
Battle of New Guinea

次の作戦も不首尾に終るが、ここで戦時海軍航空初のヒーローが生まれるから皮肉である。2月20日、日本側索敵機はニューブリテン島ラバウル沖約400海里（740㎞）で空母「レキシントン」を発見、これを撃退せんと強襲部隊を編成した。この三菱製一式陸攻17機の戦力による攻撃を、サッチ少佐率いる部隊が迎撃した。この第3戦闘飛行隊の母艦は「サラトガ」なのだが、同艦が被雷損傷し修理のため引き揚げてしまったため、F4Fへ機材更新中だった「レックス」（「レキシントン」）の第2戦闘飛行隊と交代していたのだ。

午後いっぱい続いた戦闘で、「ファイティング・スリー」は攻撃側を2機を残して全機撃墜、代償は2機と、搭乗員1名であった。E・H・オヘア中尉は列機の機銃が故障しているという情況を知ったうえで突っ込んでゆき、3回の射撃航過で首尾よく3機を海上に撃墜、1機は致命傷のため帰途不時着、1機を炎上させた［編注：この攻撃で日本側は陸攻13機を撃墜され、2機が不時着で失われた］。初戦で5機撃墜を認定されたオヘアは大戦初の海軍エースとして歓迎され、議会名誉勲章を授けられ、即時少佐へと二階級特進、飛行隊長となったのである。なお彼は1943年末にF6F-3で戦線復帰するが、まもなく殉職、原因は今もってわかっていない。

エンタープライズの空襲作戦はウェーク島（2月24日、地上砲火で1機喪失）、マーカス島（3月4日、地上砲火で1機喪失）と続き、しめくくりとして3月10日「レキシントン」と「ヨークタウン」が合同でニューギニア島ラエを攻撃（地上砲火で1機喪失）。日本側は艦船に被害を受け、空の抵抗はきわめて微弱だった。だが同海域で行われた次期作戦は歴史的衝突を惹起させる。

珊瑚海海戦
Battle of the Coral Sea

5月初め、第17機動部隊（TF17；「レキシントン」「ヨークタウン」ほか）は珊瑚海に入った。南西はオーストラリアから北西はニューギニアの沿岸一帯に接する海域である。目標はソロモン諸島の日本軍基地、続いてニューギニア島ポートモレスビーを目指す地上部隊輸送船団となった。こうして史上初の空母戦は推移していった。

4日、「ヨークタウン」航空群はガダルカナル島北方ツラギで日本海軍の水上機基地を攻撃し、14隻もの撃沈を報告（実際は3隻撃沈）。敵機の反撃は微弱で、第42戦闘飛行隊の1個編隊が第5雷撃飛行隊の援護要請を受信し、三菱製零式観測機3機と交戦、全機撃墜を報じている（空戦で1機喪失）。

2日間にわたる珊瑚海海戦が始まった5月7日、第17機動部隊の戦況は順調だった。索敵報告が混乱していたものの、米空母部隊が出した93機の攻撃隊は改装空母「祥鳳」を中心とした日本の支援部隊を発見。戦前の訓練を思わ

米海軍航空で第二次大戦大戦初のヒーロー（初のエースでもある）と称されるエドワード・「ブッチ」・オヘア中尉。1942年2月20日に空母「レキシントン」を攻撃した一式陸攻17機中5機をその早業で撃墜し、ニュースの見出しを飾った。彼は敵編隊にわずか3航過しか行っていないが、それでも狙い充分で戦果を記録。当然のごとく母艦帰還後ただちに議会名誉勲章が贈られた。

上官の「ジミー」・サッチ少佐から（右）祝福をうける「ブッチ」・オヘア。彼が名誉勲章を受けたラバウル沖の戦闘からだいぶのちに撮影されたもの。当時海軍で配布された写真のうちの一葉。サッチとオヘアは海軍内で戦前から空中射撃術の最右翼として広く知られており、実戦でもそろって名声を実証した。サッチはのちにミッドウェイ海戦で撃墜戦果を6機とし、F4Fエースとなる。(via Robert L Lawson)

F4Fの写真ではもっとも有名なもののひとつ。1942年4月10日、ハワイ海域で撮影。「フォックス・ワン」搭乗員はジョン・S・サッチ。「F-13」号機でフォーメーションを組むのが「ブッチ」オヘア。サッチ機は3個、オヘア機は5個の撃墜表示(旭日旗)を記入しているが、一式陸攻5機を落とした2月20日のオヘアは製造番号4031、機番「F-15」に搭乗していた。
(via Robert L Lawson)

空母「ヨークタウン」艦上の第42戦闘飛行隊搭乗員。1942年2月6日撮影。前列左から右へ：B・T・マッコーマー、A・J・ブラスフィールド、R・M・ブロット、W・N・リオナード、C・F・フェントン(副隊長)、O・ピーダーソン(隊長)、V・F・マコーマック、W・S・ウーレン、L・L・ノックス。後列：E・D・マットソン、R・L・ライト、H・B・ギブス、W・W・バーンズ、J・B・ベイカー、E・S・マカスキー、R・G・クロメリン、J・P・アダムス、W・A・ハーズ。ピーダーソンは珊瑚海海戦前に航空群司令へ昇格し、フェントンが後任の指揮官となった。(via Robert L Lawson)

せる教範通りの攻撃を行い、空母は爆弾と魚雷を雨あられと受け息絶えた。このとき日本軍は母艦を護るため零戦に九六艦戦を交えた少数の戦闘機を発艦させており[編注：零戦3機、九六艦戦3機]これが零戦と米海軍F4Fの初交戦となった。「ヨークタウナーズ」はその力を遺憾なく発揮。第42戦闘飛行隊のウォルター・A・ハーズ少尉は米海軍ワイルドキャット搭乗員初の零戦撃墜者となり、九六艦戦1機も戦果に加えた。またジェームズ・H・フラットレー少佐は九六艦戦1機を撃墜[編注：日本側の損害は3機不時着、3機未帰還]。第2戦闘飛行隊も進撃中水上機1機を撃墜し、F4F隊は無傷で帰還した。

だが同日午後、米側も攻撃を受けた。真珠湾以来のベテラン空母「翔鶴」「瑞鶴」からなる支援兵力から発艦した27機の攻撃隊[編注：内訳は艦攻15機、艦爆12機]が、薄暮のころ、第17機動部隊に迫ってきた。F4F 30機は暗がりで敵を求め、艦載レーダー操作員の援助を受けた第2戦闘飛行隊のポール・ラムゼー少佐がまず接敵。2個飛行隊で1機と搭乗員1名を失ったが、攻撃側11機を撃墜破した[編注：帰投し、収容された日本側攻撃隊は17機]。

翌日も両軍が攻撃隊を出し合う戦闘が続いた。「レキシントン」と「ヨークタウン」の各部隊はふたたび統合作戦をとろうとするが、天候は日本側に与する。日本空母は低層雲の下を航行していたのだ。第42戦闘飛行隊は第5雷撃飛行隊の近接支援を実施、鈍足なTBDデヴァステーターの進撃に歩調を合わせ上方を蛇行しつつ飛行した。零戦の迎撃を受けた「ヨークタウン」戦闘隊は不利な態勢で善戦し、デヴァステーター全機を離脱させた。しかしSBDドーントレス隊は2機を失った。

「レキシントン」航空群ではそれほど都合よくゆかなかった。雲中で広く分散してしまい、護衛隊指揮官が低速で飛んだことも、戦術上、悪い結果を招いた。ノエル・ゲイラー大尉のF4F隊は主導権を取れず、零戦1機撃墜に対し3機を喪失した上、その間航空群指揮官と、さらに別のSBDもやられた。「翔鶴」が爆弾で損傷したが沈まなかった[編注：爆弾3発が命中し、着艦不能となった]。だ

が「レキシントン」はそうはゆかなかった。

 日本機69機は好天下で第17機動部隊を発見。ワイルドキャット17機と対雷撃機低空哨戒任務に就いていたドーントレス23機の反撃を受けた。F4Fは小隊ないし分隊に分かれ、海上数マイル、空中数千フィートにわたって迎撃戦を繰り返す。日本側は誇大な戦果を報告したが[編注：撃墜29機を報じている]、F4Fの損失は4機、一方圧倒的不利のSBDは5機を失った。それでも米軍機と艦の対空砲火は攻撃側19機撃墜を数えており[編注：日本側の損害は艦攻8機、艦爆9機、零戦不時着水1機]、このため「ヨークタウン」の被弾数がおさえられたとも考えられよう。だが「レキシントン」は航空魚雷で致命的損傷を受け、同夕沈没、33機を載せたまま珊瑚海に消えた。

 両軍ともこの初戦闘で多くを学んだが、とりわけ米戦闘機部隊に関しては大きかった。F4Fと零戦を比較すると、零戦のほうが高速で上昇性能がよく、また旋回半径は小さく、性能の差は予想外だった。この戦訓はただちに体得しておかねばならないものであった。ちょうど30日後、より大きな戦いが控えていたからである。

 [訳注：原書の文中で日本機や両軍艦船の損失に関して、若干他の資料と数値の異なる箇所が見られる。なお日付は米側標準時なので注意されたい]

chapter 2
ミッドウェイ
midway

 太平洋艦隊所属の各戦闘飛行隊にとって、5月最後の週は目の回るような日々であった。最新型ワイルドキャットへの慣熟もまだ終わっていないのに、急

1942年5月、空母「エンタープライズ」飛行甲板上に並ぶSBD-3ドーントレスと「ファイティング・シックス」のワイルドキャット。真珠湾攻撃直後の時期とくらべると、国籍標識が6カ所（主翼のものが両側上下となる）へ戻され、その中央の「ミートボール」（赤丸）が省略された点が異なるのがよくわかる。第6戦闘飛行隊は6月のミッドウェイ作戦にF4F-4 27機で参加。機銃6挺を積む折り畳み翼装備型の実戦初登場であったが、F4F-3から重量が増大、速力は低下し、弾薬数も減ったため、海軍搭乗員はこの新型に大いに失望した。(via Robert L Lawson)

第221海兵戦闘飛行隊はブリュースターF2Aバッファロー20機とワイルドキャット7機でミッドウェイ海戦に参加。6月4日午前中に搭乗員15名が戦死、数名が負傷する大損害を被った。このF4F-3は零戦隊に撃ちまくられて命からがらミッドウェイへ戻ってきたが、パイロットのジョン・F・ケリー大尉は負傷、機も不時着し大破した。皮肉めいた話だが、ミッドウェイ後の酷評とは裏腹に搭乗員の多くがF4FよりF2Aバッファローを好んでいた。射撃時の座りが悪いものの、操縦時の反応で上回っていたからである。
(via Robert L Lawson)

いで真珠湾を出撃する準備をしなければならなかったからだ。「エンタープライズ」の第6戦闘飛行隊、実戦経験のない「ホーネット」の第8戦闘飛行隊が山積みする諸問題を把握するだけでもかなり困難だったが、「コークタウン」の場合は航空群の完全再建のため抱える労苦も段違いで、その間「オールド・ヨーキー」(「ヨークタウン」)自体も戦闘被害の修理のため乾ドック入りとなっていた。

戦前からの「ヨークタウン」航空群所属部隊は、珊瑚海での損失が大きかったためほとんど陸揚げされ、「サラトガ」隊と交代した。サッチ少佐の第3戦闘飛行隊と基幹搭乗員が同艦に乗り込んだが、部下の大半は第42戦闘飛行隊からの残留者であった。新部隊としての連携調整と新機材への慣熟のために取れる時間は最小限しかない。

F4F-4は-3と比べふたつの点で異なっていた。折り畳み翼をもち、一艦あたりの搭載数を27機へと増大し、兵装を機銃4挺から6挺に引き上げたことである。しかし、出力が上がっていなかったため新型は旧型より速力が落ち、搭載する弾数も減ってしまった。この兵装強化は独伊軍機に対処するためマートレットの火力強化を望んだ英海軍の要求を反映したものだが、もっぱら武装の弱い日本機と交戦していた米戦闘機搭乗員たちは、これを好まなかった。

ジミー・サッチは海軍搭乗員を相手に口を開くと、たいていこう主張していた「4挺で射っても当てられない奴は、8挺でも外すさ」。彼は零戦のすぐれた運動性に対抗するには戦術の改良が必要と考え、横機動による相互支援戦法「ビーム・ディフェンス」(Beam Defence)を考案。残された数日のあいだに自隊に仕込んだ。これが、その後まもなく「サッチ・ウィーヴ」[訳注：Thach Weave=サッチ編み、サッチ戦法] として知られるところとなる。

[編注：「サッチ・ウィーヴ」は、おたがいの警戒をしながら一定の間隔で飛行する2個分隊一組を基本とし、ウィーヴ＝交叉機動を利用した相互支援戦法。敵戦闘機がこのいずれかの分隊に攻撃をかけてきた場合、たがいを警戒していることでもう一

空母「エンタープライズ」を発艦する第6戦闘飛行隊所属の「フォックス・セブン」。同艦がミッドウェイへ出発する直前の1942年5月18日に撮影。通常頭に付くべきFを省いて、胴体のかなり前よりに黒で機番7だけを記入するのは、標準記入法バリエーションのひとつ。この戦闘で第6戦闘飛行隊はジェームズ・S・グレイ大尉指揮下9機撃墜、2機撃破を報告。対して「ビッグE」のF4Fは1機を失ったが、搭乗員は不時着水後に救出されている。
(via Robert L Lawson)

方の分隊がこの攻撃を発見できるため、攻撃されていない方の分隊は、まず、攻撃されている分隊へ向かって急旋回し、ペアとなる分隊に攻撃されていることを知らせる。相手分隊の警戒にあたっているペアはこの動きを見て攻撃されていることを知ると、相手分隊の方へ交叉するように急旋回。目標が急旋回したことで射撃態勢がとれなくなった敵戦闘機は——
(1)攻撃をあきらめて急上昇し、目標の機動と反対方向に旋回した場合、攻撃されていない側の分隊の機動の前に機体側面を見せることになる。
(2)あくまでも目標分隊を旋回、追尾した場合、いずれは攻撃されていない側の分隊と向かい合う態勢となる。
そのため、攻撃されていない側の分隊が敵機に反撃できる、というものであった]

敵第一次攻撃隊発艦
At Dawn on 4 June

　太平洋艦隊総司令部(CinCPacFleet)の舞台裏で、今次大戦中もっとも重要な傍受情報が確認された。山本五十六提督の、オアフ島北西1100海里(2050km)のミッドウェイ環礁占領計画を、米暗号解析班がとらえたのだ。かくてレイモンド・スプルーアンス少将は「エンタープライズ」と「ホーネット」の第16機動部隊を率いて出撃、フランク・ジャック・フレッチャー少将もふたたび第17機動部隊の「ヨークタウン」に座乗する。こうして米空母3隻は、南雲忠一少将麾下の歴戦の空母4隻を向うに回す厳しい立場に立った。太平洋戦争から今日まで最大級の海戦が、ハワイの命運を決定づけることになるのだ。
　件のミッドウェイでは陸海軍と海兵隊の飛行部隊がひしめきあっていた。そのなかの第221海兵戦闘飛行隊はフロイド・パークス少佐を長とし、主にブル

空母「ホーネット」に所属する第8戦闘飛行隊のF4F-4 7機。ミッドウェイ海戦中の撮影。個別のコードレターが胴体上のほか、カウリングの標準より高い位置に大きく見える。太平洋戦争の天王山となった本海戦では「ホーネット」搭載他部隊機の大半同様、「ファイティング・エイト」も成績が振るわず、撃墜5機報告に対し、各種原因をあわせて12機と搭乗員3名を失った。これにより第8戦闘飛行隊は、参加空母戦闘飛行隊3個中、日本側へあたえた損害は最少、かつ損失最多の部隊となってしまった。
(via Robert L Lawson)

ミッドウェイ海戦で最多スコアをあげた戦闘機搭乗員は第3戦闘飛行隊のE・スコット・マカスキーである。第42戦闘飛行隊のベテラン、「ドク」・マカスキーは6月4日に2度の迎撃戦に参加、空母「ヨークタウン」防空戦で九九式艦上爆撃機3機、零戦2機撃墜を報告し、合計戦果6.5機をもって太平洋戦争最初の6カ月での海軍トップエースとなった。その後、1944年に「エセックス」級空母「バンカー・ヒル」の新編第8戦闘飛行隊でF6Fヘルキャットを使用、8機の戦果をつけ加えた。(via Robert L Lawson)

ースターF2Aバッファローで編成されていたが、元海軍所属のF4F-4も7機保有していた。このワイルドキャットは部隊の第5小隊を構成し、ジョン・F・ケリー大尉が指揮。搭乗員には少なくとも以前サンディエゴで同機種の搭乗を経験した者もいたが、大半は新着のグラマンになじむ時間などほとんど取れないまま、6月4日黎明、南雲提督の第一次攻撃隊発艦を迎えた。

戦闘開始
Scramble

　レーダーの警報を受けたミッドウェイでは、戦闘機25機のスクランブル発進がぎりぎり間に合い、日本側戦爆連合108機を迎え撃った。だが15分間の一方的な戦いで海兵第221戦闘飛行隊はF4F 2機を含む15機を失って文字通り粉砕された。ケリーの第5小隊は敵機来襲で混乱を来したため固まって戦うチャンスを逸してしまった。F4F隊は7機中6機が黎明の上空直衛に上がっていたが、哨戒後着陸を命ぜられた際2機がこれを受信しなかった。またスクランブル時には別の機が砂地にはまり、ケリーらと離陸できなかった。結局可動中のF4Fは全機敵と交戦したが、各個攻撃となったのである。

　海兵隊搭乗員は撃墜10機を認定されており(うち5機がワイルドキャット隊のもの)、これは日本側損失10機を調べ出したものらしい[編注：日本側の損害は艦攻3機、艦爆1機、艦戦2機]。ただし損害の大部分はミッドウェイの対空砲員が与えたものであるのは明らかなようで、かつて歴史家のジョン・B・ランドストロームは戦闘機の戦果を最大3機と検証している。しかし、実際の戦果がどうであれ海兵第221戦闘飛行隊は、実質上ここで戦線から脱落してしまった。

米海軍航空隊出撃
From Carriers

　ミッドウェイ北東では米軍2個機動部隊が南雲部隊出現の報を待っていた。いよいよその存在が確認され、スプルーアンスとフレッチャーはおのおの各空母から甲板待機中の攻撃隊を発艦させた。ただこの戦闘段階でF4Fの寄与度は、状況的にも結果的にもきわめて低かった。

1カ月前に日本側艦載機群の能力を見ていたフレッチャー隊の幕僚は、艦隊防御のため「ヨークタウン」の戦闘機隊をほとんど残しておいた。そこでサッチと部下5名が第3雷撃飛行隊の近接支援を実施、「ボミング・スリー」は高度をとって南雲隊を索敵する。F4F隊は燃料と運が尽きるぎりぎりまで粘った。たとえばサッチは175海里（325km）までの護衛として進出した。

　その間「エンタープライズ」と「ホーネット」はそれぞれの爆撃、雷撃各飛行隊のため比較的大兵力の直掩機を発艦させた。しかし、これがほとんど役に立たなかった。第6戦闘飛行隊指揮官J・S・グレイ大尉はそれと気づかないまま「ホーネット」TBDデヴァステーター隊の上空に占位。「トーピド・エイト」とは連絡が取れず、部下10機とともに上空に待機中と「エンタープライズ」へ報告しているあいだに、雷撃隊は護衛もないまま敵空母群を攻撃して壊滅した。[編注：空母上空ではミッドウェー基地からの第1次攻撃隊を撃退した零戦隊が引き続き直衛にあたっていた]。その直後第6戦闘飛行隊も単独で突入し大損失を出した。同じころ、指揮官が航続距離の上回るSBD隊と同行を続けようとして燃料の限界以上に飛んだ第8戦闘飛行隊のグラマン10機も失われた。搭乗員2名が不時着水で戦死した。

　「ヨークタウナーズ」のみが無傷で目標に到達した。サッチのF4F 6機は日本側迎撃機から第3雷撃飛行隊を守るため劣勢のまま絶望的戦いを続けた。「サッチ・ウィーヴ」初の実戦テストだが、第3戦闘飛行隊の搭乗員は僚機のうしろへ食いつく零戦に常時銃口を向け、日本の上空直衛機隊の一部を釘付けしつつ損失1機で撃墜5、不確実2を報告する。だが速力130ノット（240km/h）のTBDは勝ち目なく、1機も「ヨークタウン」まで帰着しなかった。

　だが、振り向いたサッチは奇跡が起こっているところを目の当りにしたのだ。そこでは高高度から妨害を受けず来着したSBD3個飛行隊の餌食となった日本空母3隻が誘爆炎上しつつあった。「エンタープライズ」と「ヨークタウン」の偵察爆撃機隊は、かけがえのない5分間を最高のかたちで活用して「赤城」「加賀」「蒼龍」の3空母を屠ったのである。

飛龍沈没
Attacks against *Hiryu*

　しかしまだ「飛龍」が残っている。同艦はほぼ完全な飛行隊を保有し、いまや巡洋艦搭載水偵の索敵で第17機動部隊の位置を知るところとなった日本側は愛知九九式艦上爆撃機18機と護衛の零戦4機を発艦させた。この攻撃部隊は、第16機動部隊から戦闘機若干の来援を受け、正確にレーダー誘導された第3戦闘飛行隊のワイルドキャット多数と遭遇、数分間の乱戦でE・S・マカスキーとA・J・ブラスフィールド両中尉が記録した各3機を含め、艦爆11機を撃墜される。「ヨークタウン」の砲手も他の艦爆を落としたが残存機は突進、3発を被弾した同艦は大傾斜の上速度を落とし、海上に停止してしまった。

　そして「飛龍」のほうは、はやくも次波攻撃を準備しつつあった。中島九七式艦上攻撃機 10機、護衛6機である。零戦は「ヨークタウン」上空で3機撃墜されたためこの時点で底をついていた。

　米空母側も甲板上に直衛機の増援を並べる。空中の第3戦闘飛行隊各機は「エンタープライズ」へ着艦、燃料弾薬を補給し敵第二次攻撃来襲のころに準備を終えた。一方「ヨークタウン」は秀逸なダメージコントロールで3時間以内に速力19ノットまで回復、これで航空機運用再開も可能となる。しかし九七

艦攻隊が高速降下で接近してきた時点でサッチ隊の一部はまだ脚上げの最中だった。零戦隊にF4F 2機を落とされた第3戦闘飛行隊だが艦攻5機と零戦2機を撃墜、マカスキーは一日の撃墜機数合計を5機とする。だが「ホーネット」の第8戦闘航空隊は味方対空砲火で搭乗員1名を失い、ここでも悪運が続いた。

必死の防御のなか、艦攻数機が直衛網と対空砲火を突破し「ヨークタウン」に魚雷2本を命中させた。艦は被害甚大のため持ちこたえられず、艦長バックマスター大佐は総員退艦を命じた。このため洋上部隊の先任指揮官であるフレッチャー少将は実質上戦線を離脱、作戦指揮を第16機動部隊のレイモンド・スプールアンス少将へ委ねた。

午後遅く「エンタープライズ」と「ヨークタウン」のSBD隊が残存日本艦隊を発見し、ただちに「飛龍」を撃沈した。しかし当該海域に他の敵空母が存在するかどうかはっきりしなかったため、使用可能のF4Fは全機上空直衛用として残された。これで太平洋の天王山ミッドウェイ海戦でのワイルドキャットの役目は、基本的に終了したのである。そして「ヨークタウン」が日本潜水艦に沈められた1942年6月7日夜明けをもって、海上戦は終結した。

[訳注:実際の飛龍は大破放棄後、翌朝ころ自然海没。日本側は本作戦で空母計8隻を投入したが、分散配置のため当時ミッドウェイ付近にほかの艦はいなかった]

本海戦でサッチ(6機)、マカスキー(6.5機)、ブラスフィールド(6.33機)の3名が新たにエースの称号を与えられた。オヘアとL・A・ゲイラー少佐(各5機)に続いた彼らのほか、第3戦闘飛行隊と第42戦闘飛行隊ではW・A・ハーズ中尉(4.83機)、W・N・リオナード中尉(4機)も頭角を現した。かくして海戦後6カ月間の米海軍戦闘機搭乗員トップ7は全期間、ないし一時期でも「ファイティング・スリー」所属の経験があったことになる。本期間中5個空母戦闘飛行隊は戦果113.5機を報告、内訳は以下の通りであった。

部隊名	搭載艦	戦果
第3戦闘飛行隊(VF-3)	「レキシントン」「ヨークタウン」	50.5
第42戦闘飛行隊(VF-42)	「ヨークタウン」	25
第2戦闘飛行隊(VF-2)	「レキシントン」	17
第6戦闘飛行隊(VF-6)	「エンタープライズ」	16
第8戦闘飛行隊(VF-8)	「ホーネット」	5

残念ながら第42戦闘飛行隊はミッドウェイ海戦後解隊され、海軍でもっとも練達した戦闘飛行隊は過去のものとなってしまう。しかしこの時期までに零戦が打倒しうる存在であることは示された。大戦第1期終了時点でのF4Fと零戦の損失比は1.5対1。今後、この損失比は次第に米軍有利へと傾いてゆくのである。

[編注:『戦史叢書』によると、ミッドウェー海戦における日本側の航空機喪失は、零戦105機、艦攻94機、艦爆84機、艦偵2機の285機と推定されている。一方、米母艦の航空機喪失は、米海軍の資料によれば対空砲火により20機、空戦により41機、そのほか作戦中に16機、飛行事故により25機、艦上で11機の計113機。このほか陸上基地の海兵隊戦闘機15機が空戦で、艦爆／艦攻6機が同じく空戦で、同4機が対空砲火で、さらに作戦中に3機と飛行事故で1機が失われた。よって米海軍および海兵隊の全損失は142機であった]

chapter 3

ガダルカナル
guadalcanal

珊瑚海やミッドウェイで全般的な戦訓は得たものの、まだ相手のことをほとんど知らないF4F部隊もあった。たとえば「エンタープライズ」所属、第6戦闘飛行隊の新任隊長L・H・バウアー大尉は、部下搭乗員の大半にとって「零戦は未知数」であったと、あとで述べている。実際「ファイティング・シックス」は、ソロモンでの初戦後、軽量化と運動性向上のため外側の機銃を撤去することを検討した。そのような敵の能力への無知ゆえ、空母戦闘機隊は今次大戦における米軍初の反攻作戦を総じて準備不足のままで始めなければならず、結果高い人的、物的損失を支払うこととなったのである。

■ 第一次ソロモン海戦
Operation Watchtower

「見張り塔(ウォッチタワー)」作戦は1942年8月7日夜明けに開始された。ガダルカナル侵攻部隊を支援するのは太平洋艦隊の3空母「サラトガ」「エンタープライズ」「ワスプ」である。戦闘隊は飛行隊定数36機となっており、3艦合計98機をもって作戦参加した。「ワスプ」は実戦経験がなかったが、この年前半、地中海のマルタ島へ英空軍のスピットファイアを2回輸送しており、他方自艦航空群は夜間作戦能力をもつという、この時期としては希少な利点を有していた。

在ニューブリテン島ラバウルの日本軍司令部は一式陸攻27機、零戦17機を出撃させ、航続距離の届かない九九艦爆9機も帰途着水させるということで参加させた。米海軍第5戦闘飛行隊と第6戦闘飛行隊から迎撃に発艦したワイルドキャットは18機中少なくとも9機を撃墜されたが、陸攻5機[編注：4機が墜落、2機は不時着大破]、零戦2機が撃墜されたうえ、艦爆は戦闘と燃料切れで全機失われた[編注：5機が撃墜され、4機が着水した]。ただし上記のほか米空母戦闘機隊は各種原因で6機を消耗しており、搭乗員は6名が失われ、本機種では敵機との交戦による1日の損失としては過去最悪の結果となってしまった。なお「ワスプ」のSBDドーントレス1機も失われた。

振り返ってみると、このときの迎撃戦は滑り出しから不手際で、かつ早々に態勢が崩壊してしまった。当初から在空のF4Fが少なすぎたうえに1個編隊が

米海軍のF4Fトップエースは、元下士官搭乗員の機関曹長ドナルド・E・ラニオンである。1942年8月、空戦3回で空中撃墜8機を記録。第6戦闘飛行隊所属の彼はガダルカナル島上陸の7日に愛知製九九艦爆2機、翌日に陸攻1機、零戦1機撃墜を報告。第二次ソロモン海戦[訳注：米側呼称は東ソロモン海戦]中の24日にも九九艦爆3機、零戦1機を落とした。その後任官して1943年から1944年にかけて戦闘任務へ復帰、空母「バンカーヒル」の第18戦闘飛行隊でF6Fに乗り3機の戦果を加えた。
(via Robert L Lawson)

誘導ミスで戦闘から遠ざけられ、残りも上空から襲われて各個撃破される戦術的不利に陥ったのだ。そのうえ、相手の台南航空隊は、多数の戦果を認定されている坂井三郎、西沢広義のようなベテランなど、当時のトップ戦闘機エースのほとんどを擁するすぐれた部隊だった。もっとも、零戦搭乗員たちの撃墜報告は40機という誇大戦果だったが、だからといって米側搭乗員の心が安らぐわけではなかった。

上陸作戦中もっとも戦果をあげたF4F搭乗員のひとりが、第6戦闘飛行隊所属下士官のドナルド・E・ラニオン機関曹長である。NAP出身で米海軍最優秀搭乗員のひとりと目されており、7日に爆撃機2機、8日に一式陸攻、零戦各1機撃墜を認定され名声に応えた。まもなく海軍F4Fの最高位エースとなり、以後終戦までその座を守る。

「カクタス空軍」での戦闘
Cactus Air Force

フレッチャー少将が3空母を上陸地区から撤退させたため、海岸の海兵隊は航空援護のない状態で取り残された。同夜の第一次ソロモン海戦(米側呼称は「サヴォ島海戦」)で有力な日本の海上部隊が連合軍艦隊を一方的に叩きのめし、状況はいっそう悪化。支援をことごとく絶たれた上陸船団は、物資をほとんど揚陸しないまま戦場から退去。かくして第1海兵師団だけがひとり取り残されたのだ。だが護衛空母CVE-1「ロングアイランド」が2個飛行隊を積んで急行、8月20日には発進地点まで到達し、第223海兵戦闘飛行隊と同第232偵察爆撃飛行隊のワイルドキャット19機、ドーントレス12機が、夕刻、ガダルカナル島ヘンダーソン飛行場に着陸。この両隊が「カクタス空軍(Cactus Air Force)」[編注:Cactus =サボテンは、米軍がガダルカナル島につけたコードネームであった]最初の頼みの綱となった。

少佐進級間もないジョン・L・スミスは戦歴皆無で指揮官経験も浅かったが、第223海兵戦闘飛行隊で常勝チームを作り上げた。かれはこのあと数日間にわたって、まだほとんど実績のない部下士官搭乗員たちと敵の品定めをするのだが、のちに部下となる機関将校のマリオン・E・カール大尉(ミッドウェイの生き残り)とともに第二次大戦のアメリカでは最初の大エースとなる。そして部隊はリチャード・C・マングラム中佐指揮の偵察爆撃飛行隊と相和して、まもなくソロモン諸島の日本部隊にその存在を痛感させていくのである。

ガダルカナル島の陸上基地に配備された最初の戦闘機部隊、海兵第223戦闘飛行隊を率いたジョン・L・スミス少佐。8月20日から10月16日の期間中、彼自身は19機撃墜を公認され、部隊もこの間に合計110機の戦果を報告している。本国帰還に際しては当時の自国トップエースとして議会名誉勲章を受賞したが、終戦時のスミスはジョー・フォス少佐についで第2位のF4Fパイロットとして存在していた。タフでアグレッシヴ、かつ作戦第一主義のスミスは海兵隊が輩出した最高の部隊指揮官のひとりとして知られる。(via Robert L Lawson)

海兵第223戦闘飛行隊の所属機とされるF4F-4だが、若干の謎を残す機体。従来ジョン・L・スミスが搭乗した一機と解説されているものの、撃墜マーク19個の意味はいまだ不明である。さらに疑問なのは不自然な字体の機番2で、別の字を手直ししたように見える。はじめのうち「カクタス」基地配属のワイルドキャット隊では、通常、各搭乗員に固有の機体が与えられていたが、結局この方式は整備の都合や機体損失のため維持できず、別の方法を強いられることとなる。(via Robert L Lawson)

第二次ソロモン海戦
24 August 1942

大戦三度目の空母戦は8月24日に起こった。このときは陸上基地の海兵隊機も一役かった。スミス隊の搭乗員たちは米陸軍航空隊からP-39/P-400(P-39の輸出型)一部兵力の応援も受け、この日午後、最初の大空戦を経験。日本軽空母「龍驤(りゅうじょう)」からの九七艦攻水平爆撃隊6機、護衛零戦15機を迎撃し、白熱の乱戦でワイルドキャット3機と搭乗員2名を失ったが攻撃側7機を撃墜し

た［編注：日本側は零戦2機、艦攻3機を撃墜され、零戦、艦攻各1機がヌダイ島に不時着］。この勝利が重要だったのは海兵隊の戦闘機でも受け身以上のことができると証明したのみならず、マリオン・カールがこの戦闘で海兵隊初の戦闘機エースとなったことである。以後3年間で120名が彼のあとを追うこととなる。

　海上ではフレッチャー少将が空母「ワスプ」を補給のため分離していたが、「エンタープライズ」と「サラトガ」は手元に置き、日本側最初のガダルカナル増援作戦に対応した。戦闘は情報如何にかかっていたが、その点むしろ珊瑚海海戦以来のベテラン空母「翔鶴」「瑞鶴」をはじめとする南雲中将に運が向いていた。「サラトガ」攻撃隊は「龍驤」を護衛機なしで撃沈した。しかし、質の悪い無線と天候状況があいまって、より大きな獲物を見逃してしまったのだ［編注：「サラトガ」攻撃隊が発進したのち、米哨戒機は「翔鶴」と「瑞鶴」を発見。フレッチャー少将は攻撃目標の変更を命じたが、無線の状態が悪く、命令は伝わらなかった］。

　そのころ日本側の2個攻撃隊は大過なく目標を発見。午後遅く九九艦爆27機、零戦10機が「ビッグE」を攻撃、米海軍第5戦闘飛行隊、第6戦闘飛行隊の在空ワイルドキャット53機以上と交戦した。レーダーは90海里（170km）もの距離で探知する抜群の高性能を示したため、米側は充分な警戒態勢をとっていた。来襲敵機に対応すべく一刻を争うなか、第5戦闘飛行隊のある小隊は給油から再発艦まで11分ちょうどの「出撃準備作業時間」記録をたてている。

　だが指揮通信上の問題で、状況は早い時期から悪化した。1942年当時の米海軍の無線周波数帯は十分な幅をもっておらず、索敵、攻撃、戦闘機指揮の各任務でそれらを個別に使用できなかったため、周波数帯が近似で混信を生じた。このために肝心の情報が空中の搭乗員まで伝わらなかったのだ。

　そのうえF4Fは全機が交戦できたわけではなく、日本機も高い損失を出しながら高度な技量の冴えを見せていた。「エンタープライズ」は3発被弾して大損害を受け、搭載機の多くは「サラ」（「サラトガ」）へ着艦するか陸上に降着した。さらに後続の日本海軍攻撃隊は米機動部隊の50海里（90km）以内に迫り、「ビックE」を始末してしまうかと思われたが、信じられないことに、訳もなく引き返していった［編注：米艦隊を発見できなかった第二次攻撃隊は暗夜のなかを帰艦。艦爆4機が行方不明となり、1機が不時着した］。

　ワイルドキャットの搭乗員は来襲敵機45機の撃墜を報告、このほかSBDとTBF隊も8機の戦果を主張した。しかし、実際の日本側損失数はこれほど劇的なものではなかった（出撃機数自体が37機しかないのだ）［編注：「エンタープライズ」を攻撃した「翔鶴」隊が艦爆18機と零戦4機、「サラトガ」を攻撃した「瑞鶴」隊が艦爆9機と零戦6機］。確実撃墜、ないし致命的被害を与えた日本機は25機で、フレッチャー隊目指して出撃した機数の3分の2であった［編注：艦爆17機、零戦3機が撃墜され、艦爆1機、零戦3機が不時着した］。「瑞鶴」はこ

ワイルドキャット隊が用いた戦果記入方法でもっとも特異なものは第6戦闘飛行隊「墓石」マークだろう。これは1942年9月に部隊が波乱の太平洋配備を終えるころに使用したもので、空母「エンタープライズ」艦上のF4F-4各機は、ガダルカナル戦以降の部隊報告戦果を示す日の丸41個を付けたエンブレムで飾られたのである。ただし記録上8月7日から24日の戦果は実際には43機であった。この写真は自機につけたそのマークの横でポーズをとるドナルド・ラニオン機関曹長で、合計戦果における撃墜数の割合以上に大きな寄与をした彼こそ、このマークがふさわしいパイロットだろう。彼のほかに3名のエースがこの歴史的前線勤務のなんらかの局面で第6戦闘飛行隊に属している。F・R・レジスター中尉（撃墜6.5機、第5戦闘飛行隊にも所属）、L・P・マンキニー等操縦士（撃墜5機、同じく第5戦闘飛行隊にも所属）、A・O・ヴォーズ・ジュニア大尉（撃墜5機、第2、第3戦闘飛行隊所属経験あり）である。(via Robert L Lawson)

の作戦で艦爆1個分隊(中隊)9機が全滅した。

　日本側に損失を強いた米軍搭乗員のひとり、第6戦闘飛行隊のドナルド・ラニオンは8月7、8両日で4機の撃墜を報告していたが、24日もこれと同数の艦爆3、零戦1撃墜を報告。この月は交戦わずか3回で合計8機撃墜を認定され、1年半のあいだ、空母搭乗員でこの記録を破った者はなかった。ラニオンは1942年に戦ったベテランの多くと同様、1944年に戦闘任務へ復帰し、ヘルキャットで3機の戦果をログブック(飛行記録書)へ書き足した。

　第二次ソロモン海戦(米側呼称は東ソロモン海戦)では、珊瑚海やミッドウェイで初めて学んだ戦訓の多くが確認された。決定的に重要であった索敵および情報伝達はさらに強化され、艦戦運用においてはF4Fのもてる力をすべて発揮できるようになっていた。戦闘管制の方法は年を通じて改良され、最終的に1944年には適切で優秀なシステムへと発展。また「エンタープライズ」と「サラトガ」が、たがいのワイルドキャット隊を円滑有効に運用する柔軟性を示した点も注目すべきことである。

カクタス空軍の海兵隊エース
Fighter One

　陸上基地の戦闘機運用もかなり効果的に機能した。英国とオーストラリアの軍人、官吏、農園主、宣教師などいわゆるコーストウォッチャー(Coastwatcher＝沿岸監視哨)が日本の航空攻撃を早期警報するおかげで、地上基地のワイルドキャットは高度確保のため必要な45分を得られたのだ。ただし、コーストウォッチャーのネットワークには、天候条件が悪いと高空を飛ぶ飛行機を確認できないという難点があった。この状況は1942年9月初めに、ヘンダーソン基地へ第3防備大隊のレーダー機材群が到着して若干改善され、この人機併用式早期警戒態勢が来襲する敵機を迎撃するための要となった。8月21日から3週間で日本側陸上および艦上機各部隊は米軍橋頭堡を10回攻撃、1回当たり機数も平均30機をこえていた。

　スミスと部下の機関将校マリオン・カール大尉は、交戦機会がたび重なるなかで、たちまち米軍部隊初のトリプルエースとなった。第223海兵戦闘飛行隊は8月30日にロバート・E・ゲイラー少佐指揮する第224海兵戦闘飛行隊の増援を得たが、それでもF4Fはたいていは数的劣勢を強いられ、米陸軍第67戦闘飛行隊のベルP-39エアラコブラを足してもなお、およばなかった。だが、この一方的比率は海兵隊に多くの交戦機会を保障するかたちとなった。たとえば8月26日のカールは滑走路から離陸して脚を上げ、食い下がってきた零戦と海岸の上で交戦した。敵は衆人環視のなかで爆発。犠牲となったのは台南航空隊でも名指揮官とうたわれ、8月7日だけで4機撃墜を報告していた笹井淳一中尉の可能性が高い[編注：この日、米海軍第5戦闘飛行隊と第6戦闘飛行隊はF4F戦闘機8機とSBD 1機を失った]。

　戦いはほぼ連日続いたが、「カクタス」は着実に改善されていった。なかでも、もっとも重要なのは8月末のヘンダーソン飛行場東側草原地域の運用準備完了である。公式には「ファイター・ストリップ(Fighter Strip＝戦闘機用滑走路)」、のちに「ファイター・ワン(Fighter One＝第1戦闘機地区)」と呼ばれたが、田舎くさい風情から、通例は「まきば(Cow Pasture)」と呼ばれた。ヘンダーソン飛行場の混雑を若干緩和した点もさることながら、ワイルドキャット隊はこれでより独立した運用が可能となった。

同じころ、「カクタス」は期せずして別の戦闘機部隊を引き受けることとなる。第二次ソロモン海戦から1週間たった8月31日、空母「サラトガ」が8カ月ぶり二度目となる日本潜水艦の雷撃を受け、さほどの被害ではなかったものの修理期間中所属航空群の大半が陸へ移動。この結果リロイ・シンプラー少佐の第5戦闘飛行隊は「カクタス戦闘機司令部」3個目の配下部隊となったのだ。「ファイティング・ファイヴ」は9月11日にワイルドキャット24機をもって来着したが、5週間後残存機はたった4機となる。同部隊のエースはマーク・K・ブライト、ヘイデン・M・ジェンセン、カールトン・B・スタークス、ジョン・M・ウェゾロウスキーで、かれらは戦果の大半をガダルカナルでの作戦中に記録した。また、「サラトガ」の第5戦闘飛行隊、「エンタープライズ」の第6戦闘飛行隊に属した海軍唯一の下士官エース、一等操縦士リー・P・マンキンもこの戦線で頭角を現す。

　海兵隊搭乗員もこの時期かなりの戦果をあげた。第224海兵戦闘飛行隊指揮官ボブ（ロバート）・ゲイラーは戦果を重ねダブルエース（10機撃墜）となり、第212海兵戦闘飛行隊のハロルド・「インディアン・ジョー」・バウアー中佐もこれを達成。海兵隊最高の戦闘機搭乗員であろうバウアーは、自隊主力がガダルカナル島に到着する前から第223海兵戦闘飛行隊で何度かゲスト出演の出撃までこなしていた。カールとバウアーは3年前奇しくも、F3Fを使っていた第1海兵戦闘飛行隊で初めて出会った間柄だった。まもなくおたがい張り合うようになったが、決着は1941年についた。ふたりはサンディエゴの第221海兵戦闘飛行隊でブルースターF2Aに乗り込み対決。カールいわく「1対1の取っ組み合い」となったが、模擬空戦はどちらも優位を取れず引き分けで終結。このときからたがいに一目置く心の通った友情が芽生えたのだった。

　バウアー最良の日は10月3日に到来した。マリオン・カール小隊の1分隊を率いた「コーチ」は零戦確実撃墜4機、不確実撃墜1機を報告した。カールもこの戦闘で1機撃墜をあげていたが、友人バウアーの成功を自分のことのように喜んだという［編注：この日、零戦6機が撃墜され、1機が損傷。これとは別に対空砲火で1機が墜落、2機が被弾した］。

　次の増援戦闘機隊はリオナード・K・「デューク」・デイヴィス少佐の第121海兵戦闘飛行隊で、10月9日に来着。護衛空母CVE-12「コパヒー」を発艦した新編飛行隊は「カクタス空軍」に待望のF4F 24機を加えた。このデイヴィスの副隊長こそ、その後、この戦線のみならず海兵隊全体で最高のエースとなるジョゼフ・J・フォス大尉である。彼は写真偵察飛行から戦闘機隊への転科を認められて以来、たちまち数々の記録を樹立しはじめた。ガダルカナル到着4日後に初撃墜を報告、なんとその5日後にはエースとなってしまう。そして10月25日、出撃2回で零戦5機撃墜を認められ海兵隊初の即日エースとなった。

　だが10月はじめころまでに第223、第224海兵戦闘飛行隊は戦力を相当損耗、若干の補充は受けていたものの息もつかせぬ出撃が続いたため、結局本戦域からの後退が決定した。同月12日、スミスは撃墜19機、カールは一歩譲って16.5機で「お掘り」［訳注：The Canal、ソロモン水道の意］をあとにした。その4日後、ジョー・バウアーがふたたび存在を示した。旧式駆逐艦を改装した高速輸送艦「マクファーランド」が貴重な航空燃料と弾薬を積んで「カクタス」へやってきた。ガソリンをはしけ沖揚げしていたところ、上空直衛のF4Fをかすめて九九艦爆9機が上空へ進入、急襲した。はしけが1発被弾して間欠泉のような炎を上げ爆発、このため「マクファーランド」も甚大な被害を受けた。

　ちょうどそのとき、バウアーは第212海兵戦闘飛行隊を率いてエスピリツ・サ

史上最高の海軍搭乗員のひとりとしてひろく認められているマリオン・E・カールが初めて注目を集めたのは戦闘機乗りとしてであった。ミッドウェイで第221海兵戦闘飛行隊、ガダルカナルで第223海兵戦闘飛行隊に属し、F4Fで16.5機撃墜を報告、ワイルドキャットのエースとしては最終的に3位となった。2度目の作戦勤務期間には第223海兵戦闘飛行隊を指揮し、1943年から1944年にかけての期間中、F4U-1コルセアで撃墜2機を追加。大戦後、中佐として勤務する間に世界高度、および速度記録を樹立した。また、初期の艦上ジェット機運用試験に携わり、海兵隊ヘリコプター部隊の先駆的存在となる。将官となってからもベトナムでジェット機やヘリコプターでの作戦に参加、1973年少将で退役した。
(via Robert L Lawson)

ントからの長距離空輸飛行から「ファイター・ストリップ」へと向かいつつあった。燃料は少ないが弾薬は充分あったので、「コーチ」はまたしても部下搭乗員に「ゲームのやり方」を披露したのだ。彼は艦爆隊に突入、隊列のうしろから前へと掃射し首尾よく3機を炎上させた。燃料さえあればもっと撃墜していただろう[編注：日本側は艦爆2機が自爆、さらに2機が未帰還となった]。

南太平洋海戦
Santa Cruz

　4回目の空母戦にその名を冠するサンタクルーズ諸島[訳注：タイトルを日本側呼称としたが米側呼称はサンタクルーズ海戦]は、地勢上ガダルカナル戦にはまったく影響力がない。ソロモン諸島の東300海里（555km）もの位置では「カクタス」から遠すぎて、切羽詰まっている米海兵隊のパイロットには茫漠たる海の彼方として、関心の外であっただろう。だが、1942年10月26日の艦隊戦はヘンダーソン基地の掌握を巡るシーソーゲームのなかで欠くべからざるものであった。サンタクルーズ沖の海空戦はガダルカナルへの大規模増援作戦を援護するために日本側が意図したものだった。日本陸軍第17軍が数度の作戦延期をしたため発起の一切が10月25日まで引きのばされてしまい、このため大戦最広域の舞台で新しいワイルドキャット部隊がデビューするお膳立てが整うことになったのである。

　「ファイティング・テン」は、それまでの艦名の代わりに番号による識別法に基づいて命名され、実戦態勢に入った、最初の航空群たる第10航空群の一部である。もっとも母艦は「エンタープライズ」で、8月末の第二次ソロモン海戦でうけた損傷をつぎはぎした状態は、新品どころではなかった。第10戦闘飛行隊の指揮官は「ヨークタウン」の一搭乗員として珊瑚海で零戦と戦ったことのあるJ・H・フラットレー中佐。かれの「グリム・リーパーズ（Grim Reapers＝死神衆）」はワイルドキャット34機を擁し、腕慣らしと25日夕刻の誤認による空襲警報のあと、いよいよ始まった実戦に臨むことになった。

　「エンタープライズ」と組んだ「ホーネット」はいまだ混成航空群を搭載しており、本来の自艦所属飛行隊は2個だけだった。同艦の戦闘機兵力は第72戦闘

第10戦闘飛行隊「グリム・リーパーズ」。第一次前線勤務期間終了時の1943年2月、空母「エンタープライズ」の艦橋構造物外壁に張り出した、印象的なスコアボードの前でポーズをとる。1942年10月から「ビッグE」に配備されて前線勤務に就いた本部隊は、南太平洋海戦とその後のガダルカナル島防衛戦で一役を担った。ジェームズ・H・フラットレー少佐（前列左から5人目）の天賦の才の名指揮を受け、第一次任務期間だけで43機撃墜を報告、最終的に10名のエースを輩出した。三次の前線任務期間を経験した数少ない空母戦闘機部隊でもあり、1944年にはF6Fヘルキャットをもってふたたび「ビッグE」で、1945年はF4Uコルセア装備となり「イントレピッド」から作戦行動を記録している。(via Robert L Lawson)

飛行隊のF4F 38機、指揮官H・G・サンチェス中佐。2隻は単独行動ながら「ビッグE」座乗のT・C・キンケイド少将が総合指揮をとった。

米第61機動部隊の対戦相手は空母4隻。指揮はふたたび南雲忠一中将がとり、今度の海戦が空母指揮官として登場する最後となる。南雲はキンケイドと同じく航空の専門家ではなかったが、経験は著しく豊富だった。

本海戦の4対2という空母戦力比は戦時中米空母部隊が直面する格差としては最大で、日本側は練達の「翔鶴」「瑞鶴」のほか軽空母「瑞鳳」、前進部隊で行動する「隼鷹」があった。米海軍のF4F-4 72機に対し南雲部隊の戦闘機兵力は零戦82機［編注：定数は96機］であった。また、前回の第二次ソロモン海戦と異なり、近在の部隊も含め陸上基地の戦闘機はまったく関与しなかった。

両軍はほぼ同時に相手の位置を知り、攻撃隊を発艦させた。日本側第一次攻撃隊は「翔鶴」「瑞鶴」「瑞鳳」の戦爆連合62機。「ホーネット」は第一次攻撃隊として偵察爆撃機15機、雷撃機6機、および第72戦闘飛行隊から2個小隊が護衛についた。「エンタープライズ」隊は半時間遅れて規模も小さく、攻撃部隊11機と直掩の第10戦闘飛行隊所属ワイルドキャット8機。同じころ「ホーネット」最後の奉公となる攻撃隊が艦隊を離れたが、爆撃機18機を護衛する第72戦闘飛行隊は今度も2個編隊（1機欠、計7機）だった。

第10航空群は、第61機動部隊からやっと60海里（110km）の位置で上昇中の低速、低高度のところを捕捉されてしまった。「隼鷹」の零戦9機［編注：実際は「瑞鳳」の零戦隊］は自艦攻撃隊を護衛中だったが誘惑を断ちきれず、「エンタープライズ」航空群の後上方から奇襲をかけ存分に暴れまくった。たちまちTBFアヴェンジャー1機が撃墜され、続いて2機が被害甚大で落ちていく。TBF隊の護衛を任されていたジョン・レプラ大尉の編隊も各機ばらばらになってしまい、「レキシントン」で珊瑚海海戦を戦ったベテランのレプラが一瞬で戦死、列機の2名も落とされて捕虜となった。この編隊でひとり残った搭乗員は、損傷した機体をあやしながら3時間以上飛び続けた末「エンタープライズ」にたどり着いた。

もうひとつのF4F編隊は「フライング・テン」指揮官のフラットレー中佐が率いていたが、零戦の第一撃をやり過ごし、増槽を落として向首反撃。フラットレーは部隊を立て直し、なおも攻撃してくる日本戦闘機1機を海上に突入させた。

この乱戦で米側は零戦4機撃墜に対し5機を失ってしまう。残機のTBF中1機はエンジン不調で攻撃を断念、残る3機が巡洋艦を攻撃したが戦果は得られなかった。これとは別にSBDドーントレス3機がほかの巡洋艦へ至近弾を与えたところで、「エンタープライズ」の主力攻撃部隊は努力のかいなく弾薬を使い果たし、あとは帰るしかなかった。

ところが、両軍機とも知らないうちに「エンタープライズ」のSBD2機が南雲部隊へ伏兵攻撃を仕掛け、爆撃で「瑞鳳」を撃破していた。日本側の飛行甲板がこれでひとつ使えなくなった。

続いて「ホーネット」の第1波が「エンタープライズ」の残存攻撃隊を誘引した日本水上部隊へとさしかかった。だがミッドウェイで敵空母を攻撃する機会を得られなかった第8爆撃飛行隊と第8偵察飛行隊は残存空母の捕捉を決意。これらSBD隊は損傷した「瑞鳳」をも飛び越え北方へと進出、ついに「翔鶴」爆撃の機会をつかんだ。第72戦闘飛行隊は、絶え間ない日本側上空直衛機の攻撃から急降下爆撃隊を守って機材と搭乗員各3を失うが、この犠牲は無駄にならなかった。ドーントレス隊は70度の急降下をかけ、「翔鶴」に爆弾3発以

上を命中させて戦列から引きずり下ろしたのだ。加えて巡洋艦「筑摩」も被弾、サンチェス隊のワイルドキャットとSBDの後方銃手は戦闘中、あわせて5機以上の零戦を撃墜を報じた。米側の負っていた戦力格差は早くもこれで打ち消された［編注：同時にF4F 5機、SBD 2機、TBF 2機の損失を被る］。

138機の日本攻撃隊もほぼ時を同じくして第61機動部隊への攻撃を開始。第1波64機に加え、南雲提督は第2波として艦爆19、艦攻17、零戦9を、第3波艦爆17、護衛零戦12を上げた。これら攻撃隊のため、「エンタープライズ」と「ホーネット」は大戦最初の2年間で米空母部隊が経験したなかでも、もっとも長時間にわたる空襲を受け続けねばならなくなった。

日本側各攻撃隊は大半が米艦隊まで2時間の飛行を要したものの、時間差攻撃の効果は色濃く出た。米空母隊はほぼ3時間のあいだ、艦爆57、艦攻39、零戦42、偵察機3の単一機種または協同で計5波からなる攻撃を受けるか臨戦待機の状態となったのだ。

「翔鶴」の九七艦攻を先陣に「瑞鶴」の九九艦爆が続いた20分間の攻撃は、0900時［編注：午前9時。以下時刻は同様に表記］直前の開始。攻撃部隊は40機、在空のワイルドキャット38機では護衛の零戦がたとえなくても到底手不足でさばききれない。そのうえ情報伝達のまずさと天候不良が問題に拍車をかけた。第72戦闘飛行隊の各機が九九艦爆隊と接触して最初の迎撃戦が起こったのは、艦隊からわずか20海里（36km）の海上で、しかもF4Fは高度が低すぎてうまく力を出せず、艦爆側の喪失3機に対しF4Fも3機を失ってしまった。

同じころ艦爆7機が「ホーネット」を攻撃、3機が撃墜されたが残りが3発を命中させ、就役から1年の空母は大被害を出した。続いて雷撃隊が到着。そこへ「ホーネット」の戦闘機搭乗員がただひとり、まだ余裕のあるうちにただではさせじと割って入った。ジョージ・L・レン少尉である。

長機とはぐれたレンはしばらく艦爆や零戦とわたりあったのち、高速の中島製艦攻と遭遇。そこに2機のF4Fが加わって、彼は艦攻2機を撃墜した。続いて単独で別の2機と交戦し撃滅を報告。そして燃料弾薬の乏しい状態ながら艦隊近辺でもう1機の艦攻の主翼を折った。この出撃でレンは敵8機と交戦し5機撃墜を報告、これをもって「ホーネット」唯一のエースとなった。

艦攻の攻撃はF4Fと対空砲火のため、半数が阻止された。しかし、別働隊11機が損傷した空母の右舷から接近した。零戦隊がこれを攻撃しそうなF4Fを引き離す一方、艦攻は濃密な直衛艦の対空砲火を突破。「ホーネット」の砲手は5機を撃墜したものの、充分に接近した2機が船体へ魚雷を命中させた。「ホーネット」はたちまち減速、右傾しつつ海上に停止してしまった。

日本側は容赦なく攻撃を続けた。次に「翔鶴」艦爆隊が登場し、1015時、攻撃をかけてきた。それはまるで愛知の工場から月産分の機体が、第61機動部隊上空にまとめて現れたかのようだった。「エンタープライズ」の搭乗員たちは日本の両大型空母から飛来した艦爆群と、立て続けに戦うはめになった。目標はあまりにも多く、6挺の機銃のうち2挺、なかには4挺までスイッチを切って弾薬を節約しようとするパイロットもいた。落下増槽を棄てることができない状況も問題で、このために機体の運動性がかなり制限されて、F4F-4の攻撃力はいっそう低下した。

第10戦闘航空隊の「レッド7」小隊を指揮するのは、「スウィード（Swede＝スウェーデン人）」の名で知られるS・W・ヴェイタザ大尉。元「ヨークタウン」のSBD隊搭乗員でフラットレーの誘いを受けて「グリム・リーパーズ」に加入、たちまち

スタンレー・W・ヴェイタザ大尉は1回の出撃で7機撃墜というワイルドキャット搭乗員の記録を打ち立てた。1942年10月26日の南太平洋海戦で第10戦闘飛行隊のヴェイタザは九九艦爆5機、九七艦攻2機撃墜を報告。彼が「エンタープライズ」を撃沈から救ったといえるかも知れない。もともとSBDデヴァステーターの搭乗員として「ヨークタウン」に乗り組み珊瑚海海戦を経験したベテランだが、当時第42戦闘飛行隊所属だったフラットレー少佐から戦闘機隊へ引き抜かれたもの。海軍十字章受賞は南太平洋海戦で見せた飛行術、射撃術に相応しい。なお写真のF4F、機番79に描かれた撃墜マークが意味するものは不明。（via Robert L Lawson）

頭角を現していた。艦隊の周囲を旋回していた彼は、「ホーネット」へ向かっていく一群の艦爆を捕捉し、ただちに2機を撃墜、列機のひとりがもう1機を始末した。

このころには「瑞鶴」艦攻隊も到着しており、ヴェイタザはこれにも肉薄した。彼は第2分隊をふたつに分けて2番機だけ従え、「エンタープライズ」を高速で急襲する雷撃機を迎撃。雲間を出入りする緑色に塗られた艦攻を追うのも困難だったうえ、味方の対空砲火を浴びる危険も冒さなければならなかった。それでもヴェイタザは踏み止まり、数分のあいだ艦攻の直上にのしかかっては炎上させ、逆巻く灰色の波間へと追いやった。だがこれで弾薬を使い果たしてしまい、あとは「ビッグE」に爆弾2発が命中するのをじりじりしながら眺めるしかなかった。

その後、米機動部隊は午前中の「隼鷹」艦爆隊の20分にわたる攻撃を無事回避。雲高が低かったため攻撃隊は思い通りの襲撃機動がとれず、爆弾はほとんど「エンタープライズ」、戦艦BB-57「サウスダコタ」、軽巡CL-54「サンファン」への近弾となった。この戦闘では損傷と燃料切れのため艦爆17機中、11機が「隼鷹」までたどり着けなかった。一方、長時間の攻撃は帰還してきた「ホーネット」の攻撃直掩部隊にも影響をおよぼした。発進から帰還までの長時間飛行で8機のF4F中、3機の損失をみた第72戦闘飛行隊の搭乗員は、ようやく帰り着いたものの、今度は母艦への着艦不能を知ることになった。ジョン・S・サザーランド大尉の小隊は奮戦の末、サザーランド自身の2機を含め5機撃墜を報告。ワイルドキャットの交戦実績がどうであれ、第72戦闘飛行隊第3小隊はたしかに、「隼鷹」艦爆隊による米第61機動部隊への攻撃を頓挫させる一助となったのだ。

日本側攻撃隊の最後をなしたのは「隼鷹」の九七艦攻6機だった。この来襲のため「ホーネット」を曳航中の重巡CA-26「ノーサンプトン」はやむなく曳索を切断、直衛駆逐艦陣も素早く散開する。日本側の指揮官機は対空防御砲火で撃墜され、列機1機も落ちたが、指揮官機の魚雷が空母の右舷側に命中。万策はつきた。14度傾斜した「ホーネット」は放棄され、当夜同海域を哨戒中の日本駆逐艦に撃沈処分されたのである。

生き残った戦闘機隊が「エンタープライズ」に着艦したころには、この戦闘が日本側の勝利であることははっきりしていた。その夜、搭乗員たちは不安げに行方不明の同僚がどうなったかを思い案じた。第10および第72戦闘飛行隊は交戦中、ないし作戦行動中に合計でワイルドキャット23機と搭乗員14名を損失［編注：日本側は零戦24機と搭乗員16名ないし17名を失った］。そのほか10機が「ホーネット」もろとも海没し、米軍機の総損失数は80機にのぼった。

第61機動部隊は両航空群67機（F4F主張分56機）、対空砲火48機の撃墜、合計115機を報告した。実際の日本側損失数は67機のみで［編注：69機か？］、ジョン・B・ランドストロームの分析によると、艦隊近辺の

機番「黒の29」を付けた海兵第121戦闘飛行隊のF4Fが、ガダルカナル島の滑走路に敷かれた穿孔鉄板の上を移動中。1942年10月の撮影。このころ部隊は「カクタス」基地滞在期間がほぼ1カ月になっていた。背景にSBDやB-17がかろうじて見えることから、施設はヘンダーソン飛行場のものと思われるが、F4Fの作戦基点はこれ以前より同基地東方の特設飛行場へ移行していた。そちらは戦闘機滑走路より「まきば」と呼ばれることのほうが多い。南太平洋の気候条件では機体塗装の退色が早く、本来適用された時点より色調差が淡くなってしまう。泥濘と土ほこりが次々交代するガダルカナルの環境、加えて最低限度しかない整備施設のおかげで、機体はそれこそ浮浪者のごとき容貌を呈したのだった。1943年初頭に海兵少佐で第121海兵戦闘飛行隊を指揮していたドナルド・K・ヨーストはこれを以下のように述べている。「私たちは機体をインシグニアや隊内の序列を示す鮮明なマーキングのほか、以前から指定されていた方式の白か黒の胴体機番で飾っていた。だがこの番号でも見分けがつけにくかったうえ、番号を順番に使用しないことが多く、けっきょく機体はどれがどれだかわからなくなってしまった。私がガダルカナルで使ったF4F-4は、さらにいまいましいことに、機体のあちこちに弾痕に白い航空羽布のパッチが張ってある状態だった。主翼や各操縦翼を全損機から漁って寄せ集めた機体が多かったし、その当時私たちが使っていた戦闘機滑走路の泥や埃にまみれて、機体全体が汚れていた」(via Robert L Lawson)

日本側損失原因は、対戦闘機戦と対空砲火がほぼ半々と推定されている。ただしこのほか戦闘被害のため不時着陸または着水した機が28機［編注：23機？］、「翔鶴」と「瑞鶴」の艦上で処分した機体が4機あるため、総損失数は99機となる。

戦闘機のみを比較すると合計で15対13と、F4Fが零戦を僅差で凌いだが、戦闘後の損耗を数えれば互角であった。機体を喪失と見なすだけの損傷程度がどのくらいなのか正確には知り得ないので、この対比は大雑把ではあるが、しかるべき方法をとればワイルドキャットでも相手に引けをとらないことを示している。

南太平洋海戦で日本は戦術上勝利を収めたが、長い目で見ればこれは大きな意味をもたなかった。米側がきわどくガダルカナルを確保する状況は変わらず、米空母の損失も「ホーネット」以後は2年間なかった。これに対し、帝国海軍はかけがえのない歴戦の指揮官23名を含む、145名の優秀な搭乗員を失ってしまったのだ。

■ ガダルカナル戦の天王山
'Cuctus' Climax

ガダルカナルを奪回しようとする1942年10月末の日本側攻勢が失敗したのち、米側の兵力は漸次上昇していった。戦闘機部隊では、海兵隊の第121戦闘飛行隊や第223戦闘飛行隊のような作戦損耗を来した前線飛行隊の欠員を埋めるべく少数ずつながら補充搭乗員がつぎ込まれていった。ポール・J・フォンタナ少佐指揮する新着の第112海兵戦闘飛行隊は11月11日の「休戦記念日」を爆撃機3機、零戦2機撃墜で祝い［編注：この日は陸攻4機が失われ、また、「飛鷹」の九九艦爆4機がおもに対空砲火で落とされ、1機が不時着。また、「飛鷹」の零戦2機も未帰還となったが、F4Fも6機が失われた。さらに、F4F 2機が衝突事故で失われた］、ガダルカナル最後の危機がたれこめるなかで翌日にも9機撃墜を加えた。［訳注：休戦記念日＝Armistice Day。この当時は第一次大戦の休戦記念日。アメリカの法定祝日で、第二次大戦後も復員記念日（Veterans Day）と改名の上存続している］

「カクタス空軍」戦史の大半で見落とされているのが、海兵第251観測飛行隊の活躍である。隊名の通り弾着観測等が任務で、ジョン・ハート少佐が指揮しF4F-4と本機種の写真偵察型-7を用いる部隊であった。「カクタス」の本部隊搭乗員は11月11日、副次任務での敵機撃墜を記録し始め、最初の2機はW・R・キャンベル少佐とH・A・ピーターズ中尉の報告した零戦と爆撃機であった［編注：この日、日本側は陸攻4機が失われ、また、「飛鷹」の九九艦爆4機がおもに対空砲火で落とされて、1機が不時着。さらに、「飛鷹」の零戦2機も未帰還となったが、米側はF4F艦戦6機を喪失、さらにF4F 2機を衝突事故で失っている］。

■ 第3次ソロモン海戦
Battl of Guadalcanal

着陸する海兵第121戦闘飛行隊機、のちミラマー海軍飛行基地となる駐屯地キャンプ・カーニイにて。同部隊はリオナード・K・デイヴィス大尉指揮下、1942年3月から8月の期間中サンディエゴ地区で活動したが、新編部隊への機材・搭乗員の異動がほとんど常に行われていたため、定数の維持はほとんど不可能の状況が続き、南西太平洋方面進出を控え、かろうじて作戦兵力に到達した。ガダルカナルでは緒戦期以降各搭乗員ごとの固有機割り当てが、ほとんど許されないのが通例だった。その実状はドン・ヨースト少佐は記している。

「黙認というかたちで保安規定から消されたもののひとつが、空戦で敵機を撃墜するごとにコクピット下の胴体へ小さな旭日旗を描く習慣だった。ところが個人への専用割り当て機がなくなってからは、パイロットより飛行機のほうに撃墜の名誉が与えられた。可動機数が限られた以上、飛べる機体、任務用の補給装備ができた機体から搭乗員のだれかれなく使われたからだ。そのため新人パイロットの初出撃でも乗機が旗をたくさん付けていることさえありえた」
(via Robert L Lawson)

日本側は4日間におよぶガダルカナル島兵力への増援作戦を、11月12日から実施した。雷装一式陸攻19機がククム岬沖で物資揚陸中の米輸送船団へ向かい、これをワイルドキャット15機と米陸軍戦闘機若干が撃破。戦闘機隊と対空砲火で陸攻17機と零戦5機を撃墜し、戦果の大半は第112と第121海兵戦闘飛行隊が記録した。低空戦闘で3機のF4Fを失ったが（搭乗員は救出された）、輸送船団は陸兵揚陸を続行した［編注：日本側は陸攻3機が自爆、7機が未帰還、4機が不時着し、さらに零戦1機が未帰還になる大損害を受けた。米側の損害はF4F 3機とP-39戦闘機1機］。

この戦闘では将来、議会名誉勲章を受ける2名が戦果をあげた。23機の撃墜報告のなかでジョー・フォス大尉は3機、ジェフ・ドブラン少尉が2機を落とし、大戦初年度中の海兵隊1日当たり最多戦果記録に、多いに貢献したのである。「アイアンボトム・サウンド（Ironbottom Sound＝鉄底海峡）」ではこの夜も戦闘が行われた。数で劣る米巡洋艦、駆逐艦部隊は戦艦を含む日本艦隊と真っ向から勝負し、ヘンダーソン飛行場への艦砲射撃を阻止。米艦5隻と日本駆逐艦2隻が沈没し、そして日本戦艦1隻が行動の自由を失った。

13日の夜が明けると、朝もやのなかでヘンダーソン飛行場からすぐの位置に横たわっている日本戦艦「比叡」の姿が現れ出た。飛行場からSBDとTBFがとどめを刺すべく発進、防御の零戦8機が0630〜0830時のあいだに分散飛来し、ワイルドキャット3個飛行隊の数個編隊がうち3機を撃墜した。F4F 1機も失われたが搭乗員は救助された。

このころ「エンタープライズ」も本海域に戻り、「カクタス」へ助太刀を送る。「グリム・リーパーズ」の6機が第10雷撃飛行隊のアヴェンジャー9機ともども「比叡」沈没に間に合い、これを見届ける一方、ガダルカナルへと急迫する日本軍の輸送船団と艦砲射撃部隊へ向かった。

同夜「カクタス」基地は砲撃を受け、ほとんどが戦闘機滑走路（ファイター・ストリップ）付近に着弾。F4Fが2機全損、15機損傷したが、14日の黎明時にはなおワイルドキャット14機と陸軍戦闘機10機が作戦可能だった。「お堀（The Slot＝ソロモン中央水道）（スロット）」を経てガダルカナル北岸へと迫りつつある11隻の日本軍輸送船団上には、有力な零戦直衛陣が張られており、残存機は余さず必要だった。いうまでもなく米側は増援の敵兵力を上陸させてはならないのだ。

陸上基地の海兵隊と第10戦闘飛行隊のワイルドキャットが船団上で零戦や水上機と交戦するあいだ、「エンタープライズ」が増援機を発艦させた。空母の

ガダルカナルでの典型的混成作戦状況。写真は1942年11月ころの海兵隊のF4F-4と、陸軍航空隊のP-38をとらえている。ロッキードP-38ライトニングは「カクタス戦闘機部隊司令部」に待望の高度戦闘能力をもたらしたが、整備が複雑なため比較的可動率が低くなってしまった。ワイルドキャットは単純さで搭乗員からも整備員からも好まれ、また、翼下面の落下増槽が本機もともとの短い航続距離を埋め合わせてくれた。(via Robert L Lawson)

SBD、F4F隊は巡洋艦「衣笠」を撃沈して陸上基地へ帰着。「ビッグE」は直衛用として第10航空群の最後に残ったワイルドキャット18機を温存していたが、ここですべて「カクタス」へ送ってしまった。

ジョー・バウアー中佐はすでに戦闘機隊司令の役を務めており、できる限り出撃しないようにしていた。太平洋の戦いでこの日ほど多くの有能な戦闘機隊指揮官が密接に協力しあったことはなかったであろう。バウアーのもとで第121海兵戦闘飛行隊の「デューク」・デイヴィスとジョー・フォス、第10戦闘飛行隊のジム・フラットレーが飛んだ。日本輸送船団を撃滅すべくほとんど常時指揮をとり続けたバウアーは、我が身の末までを委ねる決断を行った。そしてこの夜、彼は対地攻撃任務で戦死し、のちに議会名誉勲章を追贈された。感状の一部を引用する。

「戦闘で成しえた輝かしき記録が例証する、彼の恐れを知らぬ戦闘精神、および指揮官として、かつ搭乗員としての顕著なる能力は、南太平洋戦域における作戦的成功に関する決定的要素であった」

田中頼三少将の輸送船団中7隻がガダルカナル突入作戦中に沈没、または反転した。今日にいたるまでのあいだで、もっとも激烈な航空戦だったこの日、「カクタス」は海軍、海兵隊、陸軍合計で爆撃機のべ86機、ワイルドキャットはのべ42機の出撃を実施、後者のうち第112海兵戦闘飛行隊がもっとも奮戦した。ジョック・サザーランド大尉とヘンリー・ケアリー少尉のミッドウェイ、サンタクルーズを経験した両ベテラン率いる敏腕チーム「エンタープライズ」の戦闘機搭乗員もよく戦った。

敵機撃墜報告30機に対し「CAF」(Cactus Air Force：カクタス空軍)は2機のF4F(搭乗員1名戦死)と5機のSBD(搭乗員7名戦死)を失った。日本側の損失は零戦12機(搭乗員8名戦死)と水上機3機(零式観測機、搭乗員5名戦死)であった。

生き残った輸送船4隻が自ら陸岸にのし上げた15日朝、ガダルカナル戦はピークを越えた。この日の空戦は2回のみで第10戦闘飛行隊、第121海兵戦闘飛行隊が合計8機の戦果を報告して終わり、航空戦は急速に少なくなっていった。実際、1942年度における米海軍機の戦果報告はこれが最後であった。

1942年の総評
1942 in Review

第二次大戦のなかでも群を抜いて広大な太平洋戦線が生みだした戦闘機搭乗員の数は、きわめて少なかった。おどろくべきことに、1940年における英空軍戦闘機部隊搭乗員の「かくも少数の人々」と比べてもなお少ないのだ。これは関係する時期の長さや地域の広さを考慮すると明らかである。1941年12月から1942年6月のあいだ、米海軍の前線配備搭乗員数は5個戦闘飛行隊でわずか138名。同年後半はこれらベテランから50名と、そのほか

第224海兵戦闘飛行隊はガダルカナルへ派遣された2番目のワイルドキャット部隊であり、1942年8月30日に到着した。部隊を率いて戦場へ向かったのは、きわめて高い能力をもっていたロバート・E・ゲイラー少佐で、まもなく指揮官として、また戦闘機搭乗員としての注目すべき能力を証明した。その後2カ月を超えるガダルカナル戦でもっとも厳しい時期のあいだ、彼の部隊は日本機61.5機撃墜を果たした。少佐自身も計14機撃墜を記録して1942年の海兵隊撃墜順位の第4位となり、本国に帰還して議会名誉勲章を受けた。

■太平洋戦域のF4F使用部隊戦果表(1942年7～12月)

部隊名	戦果	作戦地または搭載艦
VMF-223	134.5機	ガダルカナル島：他隊からの派遣搭乗員の戦果22.5機を含む
VMF-121	119	ガダルカナル島
VMF-224	61.5	ガダルカナル島：派遣搭乗員戦果6.5機を含む
VMF-212	57	ガダルカナル島
VF-5	45	「サラトガ」／ガダルカナル島
VF-6	44	「エンタープライズ」
VF-72	38	「ホーネット」
VMF-112	36.5	ガダルカナル島
VF-10	31	「エンタープライズ」／ガダルカナル島
VMO-251	13	ガダルカナル島
VF-71	7	「ワスプ」
VMF-112	5	ガダルカナル島

■1942年末当時、米海軍は少なくとも16名のワイルドキャット搭乗エースを有していた。全員の姓名は以下の通り。

氏名・階級	所属	搭乗艦または作戦地	撃墜数
D・E・ラニオン機関曹長	VF-6	「エンタープライズ」	8
S・W・ヴェイタザ大尉	VF-10	「エンタープライズ」	7.25
H・M・ジェンセン少尉	VF-5	「サラトガ」、ガダルカナル島	7
F・R・レジスター中尉	VF-6、-5	「エンタープライズ」、ガダルカナル島	7
E・S・マカスキー中尉	VF-42、-3	「ヨークタウン」	6.50
A・J・ブラスフィールド中尉	VF-42、-3	「ヨークタウン」	6.33
J・S・サッチ少佐	VF-3	「レキシントン」「ヨークタウン」	6
G・L・レン少尉	VF-72	「ホーネット」	5.25
M・K・ブライト少尉	VF-5	「サラトガ」ガダルカナル島	5
N・A・M・ゲイラー大尉	VF-3、-2	「レキシントン」	5
L・P・マンキニー等操縦士	VF-5、-6	「サラトガ」「エンタープライズ」	5
E・H・オヘア中尉(戦死)	VF-3	「レキシントン」	5
C・B・スタークス中尉	VF-5	「サラトガ」ガダルカナル島	5
J・F・サザーランド大尉	VF-72、-10	「ホーネット」「エンタープライズ」	5
A・O・ヴォーズ・ジュニア大尉	VF-3、-2、-6	「レキシントン」「エンタープライズ」	5
J・M・ウェソロウスキー中尉	VF-5	「サラトガ」ガダルカナル島	5

　このほか2名のF4F搭乗員について言及する価値がある。J・H・フラットレー少佐は珊瑚海海戦時第42戦闘飛行隊副隊長として、および南太平洋海戦時には第10戦闘飛行隊隊長として活動し最低4機を撃墜。これ以外にも戦果を認定されるべき可能性もあるが、「撃墜幇助」という不明確な言い回しが使われているためこの点を明確にできない。もうひとりはW・A・ハーズ中尉。苦戦した第42戦闘飛行隊の所属で、大戦当時の撃墜記録は6機だが現在は端数で4.83機とされている。

■1942年末当時米海兵隊は30名のエースを有していた。全員の姓名は以下の通り。

氏名・階級	所属	撃墜数
J・J・フォス大尉	VMF-121	23+3
J・L・スミス少佐	VMF-223	19
M・E・カール大尉	VMF-221、-223	16.5
R・E・ゲイラー少佐	VMF-224	14
K・D・フレイジャー少尉	VMF-223	12
H・W・バウアー中佐	VMF-223、-224、-212	10
J・E・コンガー中尉	VMF-223、-212	10
L・D・エヴァートン大尉	VMF-223、-212	10
W・P・マロンテイト中尉	VMF-121	10+3
T・H・マン少尉	VMF-224、-121	9
G・L・ハロウェル少尉	VMF-224	8
J・F・ダビン少佐	VMF-224	7.5
H・B・ハミルトン少佐	VMF-223、-212	7
R・A・ヘイバーマン少尉	VMF-121	6.5
C・M・クーンズ少尉	VMF-224	6
G・K・ローシュ中尉	VMF-121	6+2.5
J・L・ナー少尉	VMF-121	6
Z・A・ボンド少尉	VMF-223	6
R・F・スタウト中尉	VMF-224、-212	6
E・トロウブリッジ少尉	VMF-223	6
D・K・ヨースト大尉	VMF-121	6
F・R・ペイン少佐	VMF-223、-212	5.5
L・K・デイヴィス少佐	VMF-121	5
C・J・ドイル少尉	VMF-121	5
F・C・ドルーリー中尉	VMF-223、-212	5
P・J・フォンタナ少佐	VMF-112	5
C・ケンドリック少尉	VMF-223	5
H・フィリップス少尉	VMF-223	5
W・B・フリーマン少尉	VMF-121	5+1
O・H・ラムロ少尉	VMF-223	5

+の数字は1943年にF4Fであげた戦果。

136名でガダルカナル戦の重責を担った。したがって米海軍は太平洋戦争最初の12カ月を224名の戦闘機搭乗員で戦ったことになる。

　戦闘や事故で戦死した人数は7月までが27名、以後11月までが31名、そのほか2名が捕虜となったため、海軍前線戦闘飛行隊の損失合計は60名。比率にして27％であった。ガダルカナル戦線では参加した搭乗員の3分の1が戦死するという、比較的大きな損耗を強いられた。これは真珠湾攻撃以後6カ月の散発的で控え目な空母戦の様相と比べて、出撃ペースがひどく高かったことを示している［編注：日本海軍は1942年8月7日から11月15日までに、ガダルカナル上空で零戦87機と搭乗員66名を失った］。

　海兵隊はウェーク島、ミッドウェイ島の2個戦闘飛行隊で搭乗員40名が所属、加えて「カクタス」の参加者が約130名となるが、これにはミッドウェイの生存者が若干重複する。11月にかけてガダルカナルでは全期間、一部期間あわせ6個海兵戦闘飛行隊が行動し、約25名の搭乗員が戦死した。6カ月の作戦期間を通じて「カクタス」の戦闘機搭乗員は20％の損失を強いられている。疾病や気候条件、乏しい補給とも戦うF4F部隊では何もかもが不足していた。足りていたのはただひとつ、攻撃目標だった。

或る男の戦争——ジョゼフ・フォスの飛行歴
One Man's War——A Pilot Profile of Josepf Foss

　ジョゼフ・ジェイコブ・フォスはハンターとなるべく運命づけられていた。1915年サウスダコタ州でノルウェー系スコットランド人の農家に生まれ、幼いころから獲物を追いつめる狩猟の原則や銃の撃ち方を覚えた。これが空飛ぶモノにときめく子供心とあいまれば、戦闘機パイロットになりたがったのももっともだろう。彼同様スカンジナヴィア人的天性と田舎育ちがもとで類似の成功を収めた者は同世代にかなりおり、リチャード・ボング（米陸軍のトップ・エース）、マリオン・カール、スタンレー・ヴェイタザなどがその一例である。

空に憧れた少年

　1927年当時の多くの子供たち同様、11歳のジョー少年もチャールズ・リンドバーグの大西洋横断飛行に胸を躍らせた。未来のエースが初めて空を飛んだのは、父親と並んで地方回りのフォード・トライモーター機にお客として乗ったときだ。フランク・フォスはジョーがハイスクールのころ亡くなったが、息子は空を飛ぶ夢をもち続ける。そして1930年、スーフォールズ［訳注：サウスダコタ州南東部の都市］の空を海兵隊の複葉機部隊が通り過ぎていったとき、その志はぐっと絞られてきた。航空母艦への着艦、そんな戦闘機のもつ能力への興奮や魅惑が、彼のなかにひとつの決心の種を植えつけ、これが後年生育していくこととなったのだ。ちなみにこの編隊の指揮官は、太平洋戦争当時の海兵隊航空総司令官となるクレイトン・C・ジェロームであった。

操縦訓練生に

　フォスは軍隊で出世できるかどうかが、大学教育にかかっていることを悟った。不況下の1930年代、財政の行き詰まった農場一家にとって大きな賭けだったが、彼は定時制カレッジで充分な単位を取得し、1939年サウスダコタ大学に入学した。在学中は貯蓄に励み、民間パイロット教育課程を満了。日ごろから楽観派のフォスはここで海軍操縦訓練生計画へ応募するため、ミネソタ州ミネアポリスまで480kmのヒッチハイクをする。応募者28名から採用されたのは2名で、彼がそのひとりであった。1940年6月に卒業し、予備訓練のため

或る男、ジョゼフ・J・フォス海兵大尉。1943年初めのガダルカナル戦従事期間終了時の撮影。日本機26機公認撃墜は当時の米国最高位戦闘機エースであり、まもなくF4F搭乗員としては、ほか7名が受けた栄誉、議会名誉勲章を授与される。第121海兵戦闘飛行隊副長時の彼は、戦場では並外れた成功をおさめたものの、再発性マラリアに侵され戦後まで苦しむこととなった。F4U装備の第115海兵戦闘飛行隊指揮官として2度目の作戦期間出動後の1943年9月には、病気を理由にと本国送還を強いられている。戦後、官庁手続きの間違いから現役を外された彼はサウスダコタ州空軍の設立を援助、P-51Dで悠々自適の1500飛行時間を記録後、ジェット機へと乗り換えた。さらに予備空軍准将の地位を獲得、一時期空軍協会会長も務めた。政界のみならずプロスポーツ、商業航空でもすぐれた実績を残し、米国戦闘機エース協会（The American Fighter Aces Association）設立時にも一助をなして、最近は全米ライフル協会会長にもなった。(via Robert L Lawson)

ミネアポリスのチェンバレン飛行場に着任を報告した。

フォスは間違いなくそれまでの経験を活かして12時間の「Eベース」教程を及第。続いてペンサコラ海軍基地へ進み、以後海兵隊少尉として7カ月間訓練を継続した。ところが、ようやく待ちこがれた金のウイングをつけた彼は、この後9カ月間、訓練修了者を教官とし、新人を教育する勤務のためペンサコラに残る予定を知り落胆した。

日米開戦

1941年12月7日、フォスはその日の当直だった。基地司令の大佐が26歳の中尉をさして言った。「指揮をとるべし」。多言はない。「了解！」と彼はぐっと抑えて返事をしたと語っているが、ともかく日本の特殊部隊からペンサコラ基地を防衛する準備にかかった。かくして戦争初日、彼は自転車に乗って基地境界の警備を手配しながら過ごしたのである。

1942年元日、ご機嫌な展望が開けたと思ったのもつかのまだった。カリフォルニア州サンディエゴ海軍基地に配備されて戦場近しと大よろこびしたが、着任命令先が写真観測部隊の海兵第1観測飛行隊と知り失望した。しかし、のちに海兵隊エースリストの頂点を射止めるフォス特有の能力は、当時その兆しを見せていた。戦闘機隊へ入る腹を決めた彼は、空母訓練航空群（Aircraft Carrier Training Group：ACTG）司令官がもっていた海兵隊への偏見に打ち勝つべく、計画的な作戦を展開したのである。当初、これはなかなか功を奏さなかった。カーニーフィールド（現ミラマー海軍基地）近辺では海兵隊の新部隊数個が編成中だったが、期待したACTGにはF4Fパイロットの求人はほとんどない。フォスは狩人のように辛抱強く時を待った。

念願の戦闘機搭乗員

その後、フォスはある計画を思いついた。海軍搭乗員の一部が母艦訓練の死亡率に不平を洩らしているのを聞きつけ、この情況をうまく使ってやろうと考えを固めたのだ。彼は所属部隊の指揮官に、困難な任務を進んで志願するかわりに、ACTGで飛びたいと申し出た。その熱心さが功を奏して、フォスはワイルドキャットの空中射撃・母艦運用術短期集中錬成コースに入れたのである。ここで受けた教えの遵守が、のちの成功の多くを生んだ。なかでも大きかったのは、終戦までに航空群指揮官となるエドワード・パウカ大尉の粘り強い指導だった。

もちろんフォスは単に気が利くだけの並の生徒ではなかった。6～7月の7週間で記録した飛行時数は156時間、47日間を1日平均3時間以上という信じがたいペースでこなした。こうした実績から彼は注目され、8月1日付で第121海兵戦闘飛行隊に配属、リオナード・K・デイヴィス（アナポリス士官学校1935年度卒）大尉の次席士官となった。

その後2週間を過ごすうちに、部隊は近々戦地へ送られることが明らかになった。そこでフォスは時間の余裕を見てスーフォールズ時代の同級生と結婚するが、ハネムーンは見送られた。大尉へ進級した彼には、第121海兵戦闘飛行隊が客船マツォーニアへ乗り込む前に、かろうじて新しい線章をつける時間しかなかったのだ。行き先は分からなかった。

ガダルカナル

目的地は長いこと秘匿されたままだった。南西太平洋へ到着した部隊は護衛空母「コパヒー」に搭載され、10月9日の朝、ワイルドキャット20機はカタパルトで発艦した。これがフォスにとって最初で最後の空母発艦であった。かつて

サンディエゴのACTGで積んだ苦行は、もはや用済みとなった。新参者たちはヘンダーソン飛行場に着陸したが、戦闘機隊は現在、1マイル(1.6km)東の「まきば」あたりを根城にしていると告げられた。このとき、ククム岬付近ではもうひとつの戦闘機飛行場を造成中だった。

あたりを見渡したフォスは、ここ「カクタス空軍」の間に合わせ気質にいたく感じ入った。ヘンダーソンは爆撃の穴だらけ、回収待ちの壊れた機体も散見される。だがレーダー施設は2カ所あったし、手近には巨大な90mm高射砲が3門あった。ジョン・スミス指揮する第223海兵戦闘飛行隊のわずかな残存戦力にとって翌日が「カクタス」最後の出撃で、第121海兵戦闘飛行隊は、ちょうどこれに間に合うこととなった。

副隊長のフォスは、ワイルドキャット8機を指揮下に置ける場合、常時4機小隊2個の編成を率いた。部下搭乗員のうち少尉が6名、下士官が1名おり、その平均年齢は23歳。編隊のなかでは27歳のフォスは年寄りだった。「フォス空中曲技団(フライング・サーカス)」の名で知られた彼の部隊は、その後撃墜61.5機を公認され、フォスのほか4名がエースとなる。ただし2名が戦死した。

ガダルカナルでの彼は固有機だけでなく何機かのF4F-4を使った。第121海兵戦闘飛行隊の機体は、ほとんどが主翼と胴体に白の機番を入れており、フォスは到着当時13号機だったが、これはまもなく別機との重複を避けて53号に変更された。また50号機、84号機の使用も確認されている。

日本機との戦闘、そしてエースに

10月13日正午ころ、第121海兵戦闘飛行隊は自隊の初戦果を記録。ウィリアム・B・フリーマン、ジョーゼフ・L・ナーの両中尉(両者とも、のちにエースとなる)がそれぞれ爆撃機と零戦各1機撃墜を報告した。その日午後、フォスはF4F 12機を率いて双発爆撃機14機、護衛の零戦18機を迎撃する。この初空戦で彼は零戦に取り付かれたが、この機はフォス機を飛び越え前方に出てきた。そこへ首尾よく射弾を浴びせ撃墜を報告。ところがまたたくまに別の3機に囲まれ、オイルクーラーを打ち抜かれてしまう。エンジン停止、フォスはグラマンの機首を思い切り下げると「ファイター・ワン」へ乱暴に滑り込み、豪快に機体をきしませ跳ね回ってようやく着陸した。以後神に誓ったきわめて重要な教訓をこの初出撃で学んだと、彼は語っている。「連中は俺のことを『首回しのジョー』と呼んだだろうよ」。

フォスは最初のドッグファイトでひとつのパターンをうち立てた。「ジョー」・バウアーと同類の委細かまわぬ乱戦派となったのだ。戦闘後乗機に弾痕をつけないで帰ってくることはほとんどなかったが、それでも彼は肉薄の信念を持ち続けた。実際その近寄り方は度を超しており、他の搭乗員から、この副長は目標を発砲の炎でヤケドさせたなどといわれたほどだった[編注:この日の日本側損害は、高雄空の陸攻1機不時着水のみ]。

翌日午後、次の機会が来た。日本軍戦爆連合は前日とほぼ同じ戦闘機15機、爆撃機12機で両方の飛行場を爆撃、米海軍第5戦闘飛行隊は有利な高度から突入して戦闘を展開した。だがフォス機は他に遅れをとり、海兵隊のワイルドキャットのうしろから降下してきた零戦1機を牽制する程度で、甘んじなければならなかった。編隊の僚機J・J・パルコ曹長が双発偵察機1機の戦果を報告。海兵第121戦闘飛行隊は機材、搭乗員各1を失った[編注:14日、日本側は損害なし]。

対空防御がワイルドキャットの最重要任務ではあったが、それ以外の作戦任

務も行った。弾薬の補給が保証されている場合には、銃弾を全部積んだまま飛行場に戻ったりせず、日本側陣地を掃射してくることが多々あった。また、かなり遠出する哨戒任務もあった。16日のフォスは夜明けから掃射任務を指揮し、コクンボラ付近で揚陸艇を銃撃、対空砲火を冒して降下したワイルドキャット隊は、日本軍歩兵に多大の損失を強いた。しかし、搭乗員1名が帰らなかった。

　空では譲らない戦闘機搭乗員たちも、夜は長くてつらい時間を過ごした。10月中旬、敵艦が3晩にわたってヘンダーソン飛行場と周辺地域を砲撃。捨て鉢になって基地南方の前線近くで寝ようとする搭乗員が出る始末だった。

　最初の実戦数回を経験したフォスは、海軍から通達された戦闘機運用原則がその真価を発揮するよう育てていった。彼は「四周に目を配っても何が減るでもなし、これはパイロットが育つためのまっとうな習慣でもある」と主張した。また「サッチ＝フラットレイ・ウィーヴ（この名称は正しくない）についても、零戦の優秀な性能に対抗するほぼ完璧な戦闘方法であると見なしており、その理由を「どの方向にも視線と銃口を向けることができる」からと、折りにふれて語った。

　10月18日朝の大迎撃戦で、フォスは他隊機を率いて進出したところ上空直援の零戦隊が降下してきた。編隊最後尾のF4F 1機がやられたが、フォス隊は形勢を逆転させ、上方から零戦3機を捕えた。彼は1機を炎上、もう1機に命中弾を与えて煙を曳かせ、3機目とも短時間交戦した。ついに追いついて発砲しエンジンを発火させた。

　続いてフォスは、すでに第71戦闘航空隊の攻撃を受けつつある日本側爆撃機の一群へ向かった。この機を双尾翼型と識別していたが、実際は三沢航空隊所属のおなじみ「ベティ」こと一式陸攻だった。フォスは1機被弾させると敵編隊の下まで降下し、鋭く切り返す。ほとんど垂直の状態で発砲、この射弾で片側のエンジンが停まる様子が見えた。陸攻は編隊から落伍し、その後「お堀」（ソロモン中央水道）へ落ちていった。ガダルカナル到着から9日後、フォスはエースとなったのである［編注：18日、日本側は零戦4機、一式陸攻3機未帰還、零戦、陸攻各1機被弾不時着］。

奮戦する「カクタス空軍」

　20日朝、「カクタス空軍」を指揮するジョー・バウアー中佐は零戦15機を迎撃すべくF4F 7機をもってフォスを送り出した。これにデイヴィス少佐以下ワイルドキャット8機編隊が巧みな支援を与えた。接近しての機動空戦でフォスは2機撃墜を報告したが、その後別の零戦から7.7mm機銃弾をエンジンに受けた。こうして初出撃でやったのと同じような配属飛行場への不時着帰還と相成ったが、今回は前よりコントロールが利いた着陸だった。零戦隊のため海兵隊は搭乗員1名を失った［編注：日本側損害なし］。

　日本側の部隊構成が前もってわかっていたので、戦闘機司令部は整備できる限り多数の可動機を用意した。23日、第121海兵戦闘飛行隊はデイヴィスとフォスがそれぞれ自前の編隊がもつ兵力で発進。目標の陸攻と零戦の数に不足はない。両編隊とも交戦を開始、フォス最初の獲物は味方機のうしろに食いついて全火力で射撃している零戦だった。これに肉薄して引き金を引くと零戦は爆発。次いで旋回離脱しようとする別の機にからんでいく。フォスは背面飛行時の射撃法など教わったことはなかったが、それでも追尾して、身を翻す日本機を捕捉した。ラッキーショットと本人は言っているが、ともかく獲物は炎に包まれたのだった。

速度回復のため機首を下げていると、自信満々なのか低速旋回中の零戦を見つけた。身のこなしは素早かったが、その翼が垂直になるまでロールを打ったところで照準器に捕え、発砲。吹き飛ばされた敵の搭乗員にはパラシュートがついていない。フォスはその光景にびっくりして見入った。気を取り直す間もなく、単独となった彼の付近で別の敵機が落ちていくのに気づく。これは上で「デューク」・デイヴィス編隊が撃墜したものとすぐわかった。ところが、ここで零戦の2機編隊がフォスを挟撃してきた。彼は「グラマン鉄工所」[訳注：職人気質の無骨で堅牢な仕上げ]を信用して手近の零戦にここ一番の勝負を賭ける。両者発砲して双方被弾したが、フォス機のすぐれた兵装によって違いが出た。彼の左翼端すれすれに航過した零戦は炎上分解した。

　別の来襲機に残弾をぶちまけたのち、気づいたときは4機目の日本機から撃たれていた。酷使したプラット＆ホイットニーエンジンが煙を噴き出したので、フォスは前の手順通り長距離の滑空帰投を始める。したこま傷を負ったワイルドキャットを着陸させた時点で合計戦果は11機まであがったが、乗機は損傷甚大、再使用不能にして帰ったのも四度目であることをフォスは自戒した。しかし、それはそれとして、第121海兵戦闘飛行隊は海兵隊搭乗員の当日認定戦果22機中、11機を報告したのである（残りは第212海兵戦闘飛行隊）［編注：23日、日本側は零戦3機未帰還、1機不時着水］。

南太平洋海戦前日の戦い

　10月25日、日本側陸・海・空各部隊はヘンダーソン飛行場占領を企図し、F4F搭乗員たちはこの戦闘活動をありがたくおし戴くこととなる。翌日サンタクルーズ諸島沖で発生する空母戦の前哨として、この日午前中を通して零戦の掃討部隊が「カクタス」上空を覆った。4時間以上旋回を続け然るべき後陸軍部隊の当地占領を確認せば着陸すべし、これが彼らの受けた命令だった。

　そんな結末など考えもおよばない「ジョー」・フォスは、午前10時前にワイルドキャット6機を率いて「ファイター・ストリップ」を離陸し、零戦第1波9機と交戦。高度わずか1500フィート（450m）の戦闘で海兵隊は3機を撃墜、1機を失った。フォスはこのうち2機の撃墜を認定されるが、遠距離射撃で無駄弾を撃ちすぎたと、あとで自らを戒めている。しかし、何回か出撃を重ねたのちは、敵機への接近と短い連射のもつ意義を学び、その後練習部隊の基地を回った際に、射撃の鍛練が足りなくて4機を確実撃墜し損ねたと飛行訓練生たちに語っている。

　さて、第212海兵戦闘飛行隊の1個編隊が侵入してきた零戦隊との一戦にもつれ込むと、フォスもふたたび出撃した。今度率いるのは列機オスカー・ベイトと、9月15日に母艦「ワスプ」が被雷沈没したのちにその練度を買われた米海軍第71戦闘飛行隊から3名の選抜集団で、対戦した敵はエース2名を含む熟練搭乗員の乗る台南航空隊の戦闘機6機。F4F隊は一度は高度の優位をとり、フォスも零戦1機を後方から射撃して戦闘を始めたが、ほかの5機は降下するグラマンをはねのけた。

　フォスは零戦1機に攻撃されたがその射弾は外れた。鋭く右へ切り返し、今度はうしろに食いついて敵が逃げるより早く射撃。搭乗員は機外へ脱出し、

1942年10月末、第121海兵戦闘飛行隊の基幹搭乗員たちがざっくばらんな雰囲気でポーズをとる。左から右へロジャー・A・ヘイバーマン少尉（撃墜6.5機）、セシル・J・「ダニー」・ドイル少尉（5機）、ジョー・フォス大尉（26機）、W・P・マロンテイト中尉（13機）、ロイ・M・ラデル少尉（3機）。各人がそれぞれの着こなしをしているところが本期間中の特質たる「間に合わせ」志向を際立たせる。「ダニー」・ドイルはこの年11月7日に戦死、ビル・マロンテイトも翌年1月15日、「ハンプ（零戦三二型）」と衝突して命を落とす。彼のF4Fは片翼を失って海上へ突入するのが目撃されている。

数秒後に零戦は爆発した。フォスは弾薬が減ったため帰路についたが、零戦2機が別のF4Fを追跡しているのに気づき、注意するよう怒鳴りつけた。この無線で味方機は難を逃れたが、敵の2機はこちらへ向かってきた。フォスは雲中へ潜り込み、コースをとって返して出くわした追撃機の1機を射界に捕捉。近寄って残りの弾丸でこれを確実に撃墜した。

　出撃2回の戦果は5機となり、フォスは海兵隊で初めて即日エース分の戦果を記録した。彼は自分の成しとげたことをドイル少尉へ自慢そうに話しかけた。「今回は機体にひとつも被弾の跡をつけてないぜ」。待ってましたとばかり、ドイルはフォス機のヘッドレスト後方の、数か所凹んだ防弾鋼板を指さしてやりかえした。「じゃあ、これは何です？」。

　海軍と海兵隊のF4Fはこの戦闘で4機の戦果を報告、実際の戦果は3機撃墜であった［編注：10月25日、陸攻2機喪失、二空戦闘機隊、零戦2機喪失］。加えてフォスの戦果も13日で14機となり、これはスミスやカールよりも高い比率だった。ちなみにカールはフォスのペンサコラ時代、教官のひとりであった。

　飛行はほぼ毎日、戦闘はひっきりなし、爆撃や艦砲射撃が四六時中続く情況下でも、フォスはスタミナを保ち、熱意を持ち続けた。彼やその他第121戦闘飛行隊の猛者たちは戦闘機搭乗員の任務をこなすだけでは飽きたらず、ときおりライフルを借りてジャングルへ狩りをしに行ったぐらいだった。だが「ジョー」・バウアー中佐はこのスポーツをすぐやめさせた。訓練を積んだ搭乗員はまったくかけがえのない者たちだったからである。

　ガダルカナルのきわめて粗雑な生活施設は、晩夏の始めころから改善された。パイロットは6人用テントのなかで眠り、防水布の下で乾燥卵の朝食をとった。誰かが音の悪い旧式蓄音器をもっていて、すりきれたポピュラーソングのレコードがかかったし、古雑誌くらいなら手に入った。入浴施設は簡便だが効率充分な近所のルンガ河。冷水で剃るよりはましとの理由で短く髭を生やす搭乗員は多かった。しかし、髭が伸びすぎると酸素マスクを正しく装着できなくなるため、きちんと手入れをすべきことも覚えた。

　海兵隊は常々悩まされる敵の夜間侵入機や、飛行場内に着弾した見つけにくい弾片を、渾名で「洗濯機チャーリー（Washing Machine Charlie）」、「一寸法師（Millimeter Mike）」などと呼んだ。そんなこともあって一部だが昼間寝ようとするパイロットもいたが、予期外のスクランブルはいうまでもなく一日二度の哨戒当番が普通では、そんな「戦闘仮眠」など行き当たりばったりでしかできなかった。

不時着水からの生還

　11日ばかり比較的動きのない日があったのちの11月7日、フォスの銃口がふたたび火を噴く。午後遅く、彼は7機のF4Fを率いて「お堀」を南進する日本艦隊へ向かった。これは日本軍のもっとも大規模な増援作戦のひとつであった。零戦の水上機型「二式水上戦闘機」6機が直衛する巡洋艦1隻［訳注：実在せず］、駆逐艦9隻を、第112海兵戦闘飛行隊のワイルドキャット隊が攻撃した。のちにフォスが回想して言った。「（敵機数が少ないので）手柄にありつけない者が出る感じだった」。彼は二式水戦1機を撃墜、もう1機を一連射で仕留め、列機「ブーツ」・ファーロウ少尉が1機を炎上させた。フォスが別の目標を探そうと見回したところ、人のいないパラシュートが5個見えた。気味の悪い光景だった。

　フォスは敵艦へ機銃掃射を行う用意をしつつ、用心のため肩越しにうしろ

を一瞥。すると雲間に水上機が少なくとも1機いたので、上昇して占位し高空から攻撃を開始した。すぐそばまで近接してみて、彼はようやくこれが複葉機だと気づいた。まぎれもなく零式観測機「ピート」だ。優速を利用してこの機の上を飛び越えたとき、偵察員が銃口を光らせた。見事な腕だった。7.7㎜機銃弾数発がフォス機に命中、その1発は左の風防ガラスに星型の弾痕を残した。

　敵の能力に敬意を払うことにしたフォスは、下方から接近して右翼の付け根に有効打を浴びせる。この零観は視界外へ消えていき、その一方で別の零観が見つかった。ふたたび手際よく後下方から近接、一航過で発火させた。

　帰途一群のスコール帯と遭遇。雲をいくつか避けて通ったが、晴れ間へ抜けたときコースを逸脱していることに気づいた。さらにエンジンが不調をきたしてきた。日本機の射手が致命打を与えたのは明らかだった。R-1830エンジンは煙を曳き始め、とうとう完全に停止してしまった。

　彼は傷付いたワイルドキャットをいたわり、滑空を続けた。島を見つけ、そちらへ向きを変えると、それはガダルカナル島東側の細長い島、マライタ島だった。その後水面で跳ね飛ぶ乱暴な不時着水を敢行、海岸からは2海里(3.7km)以上離れたところだった。F4Fがたちまち頭から沈んでいくなかで、フォスは必死に落下傘装具を外そうとした。だが片足が座席の下にはさまってしまい、乗機もろとも水没。海中に引きずり込まれながらフォスは空気を求めてもがいた。死にもの狂いのなかで海水も飲んだ。このままではすぐにも溺れ死ぬことはわかっていた。

　パニックと戦いながら意識を集中させる。脱出方法を自問自答し、コクピットのなかで体が自由になるとただちに救命胴衣を膨らませた。10mほど沈んだところから彼は押し上げられ、その間にもまた海水を飲んだ。海面へ出たときにはもう疲れ切っていた。潮の向きは悪く、海岸へ泳ぎ着こうとしても無駄だとわかったため、靴を脱ぎ、仰向けで浮いてみることにした。何か別のことを試す前に一休みして体力を回復させたかったのだ。だがサメのひれがひとつ、ふたつと近くの水面を切って動きだし、先々の計画はもろくも途中で破られてしまった。塩素の錠剤を撒くと、これは用を成したらしかった。

　暗くなってからも、フォスは島に近づかなかった。しかし、海岸からカヌーが何艘かこぎ出してきた。あきらかに自分を探している。彼は水面に横たわったまま、あれは日本人だと半分思い込んでいたが、そのとき声が聞こえた。「このあたりを調べてみよう」。彼を探していたのは農夫と粉引きだった。彼らはフォスを水浸しのパラシュートもろとも引き上げ、家へ連れていった。

　その「家」というのは、監督官ふたりを戴く本格的な伝道団のことだった。そのうえオーストラリア系やヨーロッパ系の人たちがおり、ふたりのアメリカ人までいた。尼僧のひとりはマライタ島に40年もいて自動車を見たことがなく、初めて見た飛行機が日本機という具合だった。その晩フォスはステーキと卵を振る舞われた。あるじは2週間ぐらい滞在してはと誘うが、さまよえるエースは自分の差し迫った立場を説明した。夜のあいだずっと、第121海兵戦闘飛行隊のワイルドキャット1機が低空を飛び回っている音を聞きながら、フォスは人々の手厚いもてなしを受けた。

　8日、PBYカタリナが1機着水して海岸へ寄ってきた。ボロのズボンと靴下だけをまとったフォスがよじ上る。はるばる帰り着いたかれは旧友の搭乗員J・R・「マッド・ジャック」・クラム少佐と親しく歓談し、「カクタス」最新のうわさ話を仕入れた。

第三次ソロモン海戦

　　ガダルカナルへ復帰した際、フォスは戦闘機司令部が7日に敵機15機撃墜を報告したことを知らされた［編注：11月7日、R方面航空部隊は水戦6機、零戦1機を失った］。彼自身撃墜3機で個人合計19機となり、第223海兵戦闘飛行隊のスミス少佐と並んだ。しかし5機撃墜のエース、ダニー・ドイル少尉がこの戦闘で行方不明となった。フォスがやられた日、敵機の追撃を受けているところを目撃されたのが最後だった。痕跡すら見つからなかった。

　　基地に戻ってからたった1日後、フォスは1942年11月9日付で戦域指揮官ウィリアム・F・ハルゼー少将から殊勲飛行十字章を授与された。このとき同じ第121海兵戦闘飛行隊のW・B・「ウィスキー・ビル」・フリーマンとウォーレス・G・ウェザ両少尉も受章している。フォスは2日後に戦闘任務に復帰したが、部隊が搭乗員4名を失いディヴィス少佐ほか1名が軽傷を負った11月11日の迎撃には加わっていない。そして、翌12日のフォスはかれらより運に恵まれていた。

　　同日朝、ラバウルではルンガ水道で陸兵揚陸中の米輸送船団を目標として日本軍の一大戦力が発進した。一式陸攻16機、零戦30機は午後早く「カクタス」のレーダーに捕捉され、船団は動きの取れない水道から避退。その間フォスはワイルドキャット8機とともに離陸、これを同数のP-39エアラコブラが援護した。日本軍攻撃隊は低空の雲を利用して上空直衛陣の下へ潜り込んだが、まもなく第112海兵戦闘飛行隊がこれを包囲。最上空にいたフォスの編隊は船団を掩護するため海面に向かった。それはこれまで体験したことのない激しい機動で、機体が悲鳴をあげた。実際の速度はいざ知らず、この全力急降下があまりに早かったためフォス機は風防に低空の暖気が氷結、可動キャノピーは気圧上昇のため破裂してしまった。ほかのワイルドキャットも急激な突っ込みで点検パネルが吹き飛んだ。

　　フォスと部下は高速の一式陸攻を追って米側対空砲火の砲煙のなかに飛び込み、高度50フィート（15m）以下まで降下した。フォスは危険をものともせず手近の爆撃機の100ヤード（90m）以内に接近し、右エンジンを狙って発砲、火を吐かせた。一式陸攻は不時着水を試みたが翼端を引っかけ、横転して消えていった。次の陸攻に照準をつけたところへ零戦1機が割って入る。少しだけF4Fの機首を上げ、見事な照準で短い連射を放つと零戦は海中に突入。フォスは追撃を再開した。

　　次の陸攻は右側から捕捉し、まっすぐにとらえて発砲したが外した。彼は低空を飛び続けながら零戦隊の罠にかかることを警戒した。それでもフォスは左へ出て陸攻に見越し射撃を行い射弾は翼付け根に集中。炎が翼に沿って広がり、機は海面に着水した。沈み行く陸攻の上を航過したとき、尾部銃手が猛り狂って銃弾を撃ち上げるのが見えた。それは弔砲のようでもあった。別の陸攻に追いつき射弾を浴びせ、命中は視認したものの手応えはあまりない。この時点でもう2機の零戦が戦闘に加わり、やむなくフォスは避退した。サヴォ島方向へ機首を向けると、また別の爆撃機を狙ってP-39が1機横切っていった。

　　弾切れのうえ燃料も乏しくなったフォスは基地へ向かった。あたりの空域にはまだ日本戦闘機隊が残っており、雲のなかへ逃げ込むまえに、食い下がる零戦1機を振り払わなければならなかった。

　　米側は戦闘機部隊と対空砲火が協力して艦隊を大損害から救った。敵の航空魚雷は1本も目標を捕えなかった。F4Fの公認戦果は合計で陸攻16機、零戦7機だった。実際には陸攻16機のうち5機は基地までたどりついたものの、

ふたたび飛ぶことはできなかった［編注：12日早朝のルンガ泊地攻撃における日本側陸攻の損害は、3機自爆、9機未帰還、5機不時着。無事帰投したのは2機］。また、実際に喪失した零戦は1機のみであったが、米戦闘機部隊が事態を意のままにしたことは確かだった。もはやラバウルの零戦隊は爆撃隊を掩護し切れなくなったのだ。この戦闘でフォスの合計戦果は22機となり、第二次大戦中、これまで米軍パイロットがあげた撃墜戦果としては、前人未踏の記録に達した。

その夜、フォスは鉄底海峡に荒れ狂った水上戦の始終を目のあたりにした。飛行機乗りたちはヤシ林のなかの居住地から艦砲の咆哮を聞き、時折発砲炎や着弾の爆発も見た。火力で劣る米巡洋艦・駆逐艦部隊は今回も日本側の艦砲射撃を阻止したが、代償は大きかった。駆逐艦2隻が沈没、3隻が航行不能、巡洋艦2隻が大破。この戦闘で機動部隊指揮官のキャラガン、スコット両少将が戦死した。

13日の夜が明けるとフォスはすぐ離陸し、日本軍上陸予想区域を偵察した。しかし敵軍輸送船団は艦隊同士の乱戦があったため南進続行を妨げられていた。ところがサヴォ島を越えたところで思わぬ光景に出くわした。操艦の自由を失い、航行する様も危なっかしい敵戦艦がいる。この日本戦艦「比叡」を沈めるべく、フォスとその仲間たちは同日遅くに米海軍、海兵隊の爆撃機と雷撃機の直掩を行った。こうして同艦は第二次大戦で沈没した最初の日本戦艦となった。

日本艦隊の行動はなおも続いた。11月14日朝の索敵機が大輸送船団発見の報をよこした。輸送船11、護衛艦艇12。無傷の陸兵7000名を積んだコンボイは阻止しなければならない。「カクタス空軍」は田中頼三少将指揮するこの艦船を沈めるため、まる1日の反復攻撃作戦を開始した。

「コーチ」未帰還

一日中直掩戦闘機を指揮し続けたバウアー中佐は、不都合を承知で自らの出撃を決意。夕刻フォスとファーロウ中尉を従え、ラッセル諸島通過中の船団攻撃に加わった。ほとんど海面すれすれで襲撃を実施し、敵兵満載の甲板を掃射。引き起こして退避するフォスとバウアーは曳光弾が飛び去っていくのを見て危険を察知した。フォスが振り返ると零戦2機が降下してくる。バウアーとともにこの脅威へ向き直ると、バウアーが正面から1機をとらえ海面に撃墜。かれにとって10機目の認定戦果となった。

フォスとファーロウは別の機を追ったが、船団上を飛び交う曳光弾のなかで逃げられてしまった。ふたりはコースを返し、合流しようとバウアーを探したが、彼の機が見当たらない。そのときフォスが零戦の落ちた近くに油幕を見つけた。低く旋回すると救命胴衣のジョー・バウアーが浮いているのを発見。元気そうにヘンダーソン飛行場の方をさして手を振っている。撃墜された零戦が「コーチ」・バウアー機のエンジンを撃ち抜いたのか、対空砲火でやられたのかはわからない。ともかくフォスは無線で救助を求めてみた。しかし通じなかった。かれは翼を翻し、帰還進路をとって迫る夕闇のなか家路を急いだ。

フォスがもっとも心配したのは急速に衰える陽光だった。暗くなってからではバウアーを見つけるチャンスがほとんどないことはわかっていた。フォスは着陸するやいなやF4Fを飛び降り、もうひとりの作戦指揮官ジョー・レナー少佐を見つけた。少佐はすぐ彼をグラマンJ2F水陸両用機のところへ連れていき、コクピットに飛び乗った。同乗者席にフォスが乗り、バウアーの戦友たちは乗機

ダックの出せる限り速度を上げて「お堀」へと駆け戻った。第112、121海兵戦闘飛行隊から急遽選ばれたワイルドキャット2機が護衛に就いた。

真っ暗闇となり、炎上する輸送船5隻のほかはほとんど何も見えなかった。レナーは高度を下げ、戦闘海域をあちこち行き来したが、彼もフォスも海面に人影を見ることはできない。ひどく心配したレナーは着水して夜をやり過ごそうと考えたが、フォスはまだ敵艦隊が接近しつつある「スロット」に、鈍重な複葉機の居場所などないことを悟っていた。不安はつのるが、彼らは翌朝一番に戻ってくることにしてやむなく基地へ戻った。

決断は正しかった。この夜も水上戦闘が起こり、日本側はふたたび戦艦1隻と駆逐艦を、米側は駆逐艦3隻を失う。15日黎明時、田中部隊の残存輸送船3隻は自らガダルカナル島北岸へ擱座した。残る駆逐艦のうち1隻だけが陸兵を揚陸できたのだった。

ジョー・レナーは疲れも見せずダックに戻り、これをフォスとワイルドキャット8機が護衛した。フォスはこのとき39度以上の高熱を出しており、普通なら地上に押しとどまっていただろうところが、「カクタス」基地では誰もが「コーチ」の救出を望んでいた。バウアーはもとより、見つけられればほかの米軍搭乗員も拾い上げようと決意した救助隊だったが、思いがけなく敵機と遭遇。レナーが航路をそれる間にフォスとオスカー・ベイト中尉が零式水偵を各1機撃墜する。フォスの狙った水偵の後部銃手は機が落ちるまで射撃を続け、エースパイロットの心に日本軍搭乗員への変わらぬ敬意を残した。ハロルド・バウアー中佐の痕跡は何ひとつ発見できなかった。

着陸後フォスはマラリアが進行していると診断され、彼の編隊は当時すでに10機撃墜を認定されていたビル・マロンテイト少尉が引き継いだ。フォスはもう時間の経過すらほとんどわからなくなり、キニーネを投与されたが夢とうつつのあいだを行き来し続けた。

日本船団を撃退して「カクタス」最悪の状況は過ぎ去った。11月19日、フォスはニューカレドニアにいる他の第121海兵戦闘飛行隊搭乗員数名と合流しても大丈夫と感じたが、まだ体はふらつき、頭はうずいていた。ガダルカナルでは17kg近くも痩せていたのだ。30日、デイヴィス隊のベテランたちはオーストラリアのシドニーへ移動し、忘れかけていた文明の贅沢にふけったのであった。

無視された忠告

フォスは当地滞在中、オーストラリアの戦闘機高位エース、クライヴ・R・コールドウェル中佐やキース・W・トラスコット少佐と会う。「殺し屋」と「ブルーイ」のことは好漢だと思った。しかし、ヨーロッパと北アフリカ戦線のベテランたちに、日本軍を二流の相手だと思っているらしい、不遜な態度をとるものがいることに気付いた。フォスが23機の公認撃墜をもつにもかかわらず、F4Fは1対1では零戦にかなわないと意見を述べると、あからさまに失笑するホスト衆までいた。数週間後、スピットファイアで旋回戦を挑んだ連中は、あのぶしつけなアメリカ人が、身の程をわきまえた発言をしていたのだということを、おそまきながら思い知った〔編注：9回の交戦で、零戦の喪失3機に対し、スピットファイアは38機が失われた〕。

ふたたび「カクタス」へ

12月中旬、フォスは戦闘任務に戻ったが、マラリア再発のためニューカレドニアで足止めされてしまった。クリスマスの晩餐は好意的なフランス人一家と過ごした。かれらは英語を話せなかったが、それでも贅沢な食事が楽しめ

ものうげに虚空を見据えるジョー・フォス大尉。疲れはてたそのようすが、この半年間のあいだ、彼を始めこの戦域の海兵隊搭乗員それぞれが負わされた重圧をもっとも如実に示しているのではないだろうか。これはフォスが第一次大戦の撃墜記録、エディ・リッケンバッカーの26機を打ち破ってから数週間のあいだに海兵隊が宣伝用に撮影した数多くの写真からの一葉である。

1943年2月当時の「ジョー空中曲技団」。ほかの分隊仲間といっしょにフォスも、固有マークが付いたワイルドキャット上の左端でポーズをとっている。カウリングの機名「マリーン・スペシャル」は白のブロック体で書かれているようだ。戦闘期間中のガダルカナルではこのような規定外の飾り付けはめずらしいが、同島の確保宣言以降、見られるようになった。(via Robert L Lawson)

た。そして1943年の元日早朝、前夜から飛び続けた末にガダルカナル島へ到着した。

　フォスはただちに爆撃と砲撃の続くおなじみの任地へと舞い戻ったが、6週間の不在期間中に戦闘機滑走路(ファイター・ストリップ)は鉄板で補強されて、作戦指揮所は、第121海兵戦闘飛行隊最初の指揮官サム・ジャック中佐がきりもりしていた。

　それでも、出撃のペース次第で、ジャックはだれかの手伝いを必要とした。そのためフォスは、1月15日朝方いっぱいはラッセル諸島付近の日本艦隊を攻撃する部隊の護衛戦闘機を手配して過ごし、その日の午後にSBD隊の上空直掩としてワイルドキャット7機と出動した。ビル・マロンテイトは矩形翼の零戦(のちに「ハンプ」と呼ばれる)数機を視認、編隊を率い降下して戦闘に入った。このうち4機を撃墜し、うち1機がマロンテイト13機目の戦果だった。しかし、その後、彼は零戦1機と衝突したらしく、片翼を失って落ちていくところを目撃された。搭乗員1名が損傷機から無事脱出したのを見たと報告したものもいたが、けっきょくマロンテイトは帰ってこなかった。彼の記録は第121海兵戦闘飛行隊の個人戦果第2位として残った。

［編注：「ハンプ(Hamp)」は米軍がA6M3零戦三二型につけたコードネーム。零戦のコードネームとしてすでに「ジーク(Zeke)」があったが、米軍は翼端の角張った零戦三二型が投入されたとき、これを新型戦闘機と認識して新たなコードネームを用いた］

　続く空戦でフォスは零戦1機に短い連射を放ったが外した。だが別の機が正面に降下してくると今度の狙いは正確だった。矩形翼の零戦は爆発した。ほとんど同時に1機のF4Fが零戦に追われながら鼻先をかすめる。フォスの射撃は狙ったわけではなく反射的なものだったが、振り返ると敵機は燃えながら落ちていった。

　ついでオスカー・ベイトのうしろに食いついた零戦へ飛びかかる。危険を察知した零戦は反転して向かってきた。おたがいに近距離から発砲したが、どちらもあたらない。零戦の風防前方あたりを注視するフォスには、操縦席に座る日本機の搭乗員が見えた。

　三菱とグラマンはさらに2回反航戦を繰り返し、撃ち合った。フォスは相手が勇敢で高い技量の持ち主であることを認め、この戦闘について「私が体験したなかで、もっとも神経を悩ませた場面のひとつだった」と記している。空域に別の零戦隊がいることを警戒し、三度目の交戦のあとすぐ離脱するつもりで振り返ると、下方を旋回しながら炎を曳き始める敵が見えた。彼は雲のなかへ潜り込んでひとり胸をなで下ろし、そこから抜け出てベイトと合流、基地へ帰った。

　ガダルカナルにおけるフォス最後の出撃はその10日後だった。自分の編隊と4機のP-38を率いて、零戦および九九艦爆、60機以上と思われる大部隊を迎撃。彼は誘惑する零戦数機を囮(おとり)と認め、戦闘に飛び込むより、むしろ高度と位置の確保を選択。そして零戦との戦闘を長引かせたことで、「カクタス」は来襲機に対処する増援戦闘機を緊急発進させることができた。これも歴史の皮肉だろうか、ジョー・フォスは、そのもっとも満足のいく作戦任務で、1発の弾丸も撃たなかったのである［編注：1月25日、日本軍は陽動隊陸攻18機、ラバウルとブインから零戦76機の大編隊でガダルカナル島へ進攻。途中、天候不良のため零戦40機が引き返し、その後陸攻隊も帰還(1機が未帰還)。36機の零戦がガダルカナル島上空に突入した。損害は零戦1機が自爆、4機が不時着、

フォスの肖像写真。1943年3月20日(ガダルカナル最後の出撃からほぼ2カ月後)の撮影。本国帰還途上、所属の第121海兵戦闘飛行隊がハワイの保養施設にいた短い期間中に写した制服姿である。

6機が着陸時に大破]。

　1月26日、フォスら第121海兵戦闘飛行隊のベテラン大多数はガダルカナルをあとにして本国へ向かった。海路を経て4月19日に到着した際は、まだマラリアの症状を見せていたフォスも、ワシントンDCで妻と再会するころまでに自分がまさに「注目される者」として振る舞いつつあることを実感する。自分こそがかつて第一次大戦でエディ・リッケンバッカー大尉の打ち立てた記録に並んだ、最初のアメリカ戦闘機パイロットだと知ったのだ。そして、この武勲は以後の彼の人生における出発点となるのである。

第121海兵戦闘飛行隊の戦歴
A Wartime History of VMF-121

　第121海兵戦闘飛行隊は1941年6月24日、ヴァージニア州クァンティコで開隊した。1941年12月7日当時、まだF4F-3 21機をもって慣熟訓練を行っており、サミュエル・J・ジャック少佐は周辺各飛行場に散っていた部隊兵力の即時参集を命じ、4日後にカリフォルニア州サンディエゴへ到着した。キャンプ・カーニィ(現ミラマー海軍基地)で部隊拡充とF4F-4への改変を実施後の1942年3月、ジャックは指揮をリオナード・K・デイヴィス大尉と交代した。第121海兵戦闘飛行隊は、第14海兵航空群に所属するほかの部隊と合同で南太平洋へ舶送のうえ、8月にニューカレドニアで到着。ガダルカナル戦の準備にちょうど間に合った。

　9月26日、少佐に進級していたデイヴィスは搭乗員5名を「カクタス」へ派遣、第223、または第224海兵戦闘飛行隊に暫定配属させた。この派遣搭乗員中2名がガダルカナルで撃墜4.5機を記録しており、残った搭乗員もこの増援として10月9日にガダルカナルへ到着、4日後地上員がこれに続いた。

　「第1戦闘機滑走路」から作戦する本部隊はたちまち敵に犠牲を強い始めた。戦闘でもっとも戦果をあげたのは10月25日、部隊は18機の撃墜を公認されている。フォス大尉が2回の出撃で零戦5機撃墜を報告し、デイヴィスも零戦と九九艦爆各1機撃墜を報じエースとなった。もっとも過酷な一日は11月11日。敵の米艦船攻撃の際、10機を撃墜したものの6機と搭乗員4名を失った。

　デイヴィスはガダルカナルの危機が去った12月16日まで指揮をとり続け、1943年の元日にドナルド・K・ヨースト少佐と交代。指揮はその後ジョゼフ・N・レナー少佐、レイ・L・ヴルーム少佐へと引き継がれていった。

　第121海兵戦闘飛行隊は1943年春までF4F-4を使用し続け、ワイルドキャットによる161.5機の戦果を報じて、F4U-1コルセアへの機種改変を実施。この数字は現在まで海兵隊の最高記録であるだけでなく、海軍および海兵隊のワイルドキャット飛行隊すべてにおける最高記録でもある。

　コルセアによる部隊初めての戦闘は6月12日、ラッセル島上空の格闘戦で搭乗員5名が零戦撃墜確実6機、不確実4機を報告した[編注：6月12日、ラッセル諸島上空に進撃した零戦は77機、日本側の損害は未帰還6機、被弾7機]。F4Uに改変後、部隊最良の日は1943年6月30日、レンドバ島とその付近の上空で一連

1941年10月、海兵隊では4個戦闘飛行隊中3個がF4Fを運用していた。ヴァージニア州クァンティコの第1海兵航空群の第111と第121海兵戦闘飛行隊(写真)、ハワイ島エワの第211海兵戦闘飛行隊がこれにあたる。もうひとつの第221海兵戦闘飛行隊はブルースターF2Aバッファローを装備し、カリフォルニア州サンディエゴにあった。このペイルグレイのワイルドキャットは胴体側面のコードレターが「白の121-MF-?」。残念ながら機番は主翼で隠れてしまっている。第二次大戦で同部隊は海兵隊最高位の撃墜機数を記録する戦闘飛行隊としてその存在を際立たせた。(via Robert L Lawson)

の空戦が繰り広げられたときだった。午前、午後を通して同空域で上空哨戒を続けた結果、零戦撃墜16機と同不確実3機、および一式陸攻3機の撃墜を記録［編注：6月30日、日本機によるレンドバ方面への攻撃は3回にわたって行われた。零戦は爆装機を含む合計75機が出撃し、14機が未帰還。さらに陸攻26機のうち17機が未帰還。水上機（零観）13機のうち7機が未帰還となっている］。この日の戦いでケネス・M・フォード大尉が部隊最初のF4Uエースなった。2日後、ふたたびレンドバ島上空で空戦。ロバート・M・ベイカー、ペリー・L・シューマン両大尉が第121海兵戦闘飛行隊のコルセア・エースに加わった。7月のあいだに40機以上の撃墜が公認され、1942年10月以降、本部隊からエースリストに加わったのは12名となった。

ソロモン諸島で前線勤務期間を3回行ったあとベテラン部隊は本国へ帰還。10月、カリフォルニア州モハーヴィ海兵隊基地配備となる。ここでクインタス・B・ネルソン大尉はさらなる海外勤務に備えて「転換訓練」を開始した。

12月1日付でウォルター・G・メイヤー少佐が10代目指揮官となり、1945年5月までその任にあたった。これは大戦中の第121海兵戦闘飛行隊指揮官のなかで、際だって長い在任期間であった。1944年7月、部隊は戦線復帰を命じられ、8月初めにエスピリツ・サントに帰ってきた。地上部隊はパラオ諸島のペリリュー環礁へ先行、コルセアも10月25日に到着した。この日はフォスの1日5機撃墜から2年目の記念日だった。ひとたびペリリューに落ち着いた第121海兵戦闘飛行隊は、以後長期にわたりカロリン諸島ヤップ環礁を目標とする戦闘爆撃任務に従事。部隊はウルシー環礁を基地とし、4月28日に、H・H・ヒル、G・C・ハンティントン中尉が協同で彩雲艦偵を撃墜した。部隊21カ月ぶりの戦果だったが、結局これが大戦最後の戦果ともなった。

5月から7月にかけてはクロード・H・ウェルチ、ロバート・タッカー両少佐が指揮をとり、8月1日からはR・M・ラフェリー中尉があとを継いだ。2週間後、日本は降伏を受け入れ、9月1日、部隊はアメリカへ向かった。終戦時、第121海兵戦闘飛行隊は、文句なく海兵隊のトップスコア戦闘機部隊だった。実戦任務の第2期には、実際のところ空中に敵がまったく存在していなかったとはいえ、1942年から1943年にかけてのソロモン諸島時代が、部隊に公認戦果208機をもたらした。2位は撃墜185機の戦果を記録した第221海兵戦闘飛行隊である。

第121海兵戦闘飛行隊は大戦中にふたつの栄誉を受けている。1942年8月から12月のガダルカナル戦に対し大統領部隊表彰、1944年9月から1945年1月のペリリュー・西カロリン作戦に対し海軍部隊表彰である。輩出した戦闘機エース14名は海兵隊記録としていまも残る。

ガダルカナルの第121海兵戦闘飛行隊の待機所。スクランブルや通常哨戒の合間は、ご覧の通り戸外がカードやチェッカーの場となった。テーブルについているのは左から右へJ・L・ナー中尉、F・C・ドルーリー中尉、L・K・デイヴィス少佐、G・K・ローシュ中尉、J・A・スタッブ中尉。また野次馬はP・J・フォンタナ少佐（飛行隊隊長）と情報将校のフィニシー中尉。ナー、ドルーリー、デイヴィス、ローシュ、フォンタナはいずれも戦闘機エースとなる。(via Robert L Lawson)

■第121海兵戦闘飛行隊のエース

姓名・階級	撃墜数	備考
ジョゼフ・J・フォス少佐	26	議会名誉勲章受章
ウィリアム・P・マロンテイト中尉	13	1943年1月15日戦死
グレゴリー・K・ローシュ大尉	8.5	1943年9月戦死
ジョゼフ・L・ナー少尉	7	
ロジャー・A・ヘイバーマン少尉	6.5	
ウィリアム・B・フリーマン少尉	6	
フランシス・E・ピアースJr大尉	6	
ペリー・L・シューマン大尉	6	F4Uエース
ドナルド・K・ヨースト少佐	6	
トーマス・H・マンJr少尉	5.5	VMF-224で3.5機追加
ロバート・M・ベイカー大尉	5	F4Uエース
リオナード・K・デイヴィス少佐	5	
セシル・J・ドイル少尉	5	1942年11月7日戦死
ケネス・M・フォード大尉	5	F4Uエース

chapter 4
攻勢開始
on the offensive

　1942年11月中旬の海上輸送作戦からガダルカナル島の確保が宣言された1943年2月の期間中、同島をめぐる戦いの本質は一変した。1942年12月の時点で海兵隊のワイルドキャット飛行隊4個が2カ所の戦闘機基地から作戦任務を行っていた。内訳は、第112海兵戦闘飛行隊(フォンタナ少佐が指揮を継続)、第121海兵戦闘飛行隊(W・F・ウィルソン中尉が暫定指揮)、第122海兵戦闘飛行隊(E・E・ブラケット大尉が指揮)、第251海兵観測飛行隊(元第121海兵戦闘飛行隊指揮官J・N・レナー少佐が指揮)であった。

　第251海兵観測飛行隊は偵察部隊だが、その搭乗員は年末までに撃墜11機以上を公認されている。その最高位ふたりの戦果はいずれも3機でM・R・ヤンク、K・J・カーク両中尉がそれぞれ記録していた。ヤンクは1945年にコルセアに搭乗して沖縄で2機の戦果を加え、エースとなって大戦を終える。

　第121海兵戦闘飛行隊搭乗員のうち、ガダルカナル到着から任務に就いていた者のほとんどは、クリスマスの期間をオーストラリアで過ごし、翌月に復帰して任務期間をしめくくった。ジョー・フォス大尉が大戦中の合計戦果を26機としたのもこの時期で、1月15日に二式水戦3機を撃墜して記録した。同月、第121海兵戦闘飛行隊搭乗員はかなり北方のニュージョージア島まで行動範囲を広げ、40機撃墜を報告して「カクタス空軍」でもっとも好成績を残した作戦期間を終了する。

レンネル島沖海戦
Rennel Island

　1943年1月はファンファーレとともに終わった。30日、空母「エンタープライズ」に戻っていた米海軍第10戦闘飛行隊の2個小隊が、巡洋艦CA-29「シカゴ」を撃沈しようと攻撃してくる日本軍の雷装一式陸攻12機を迎撃。すでに戦闘被害によって速力の落ちていた同艦の運命は、レンネル島付近で風前の灯火となっていた。

　「ビッグE」から出撃した先発の分隊(ディヴィジョン)は3機を撃墜、続いて「リーパー・リーダー」・ジム・フラットレー本人が到着する。2機の陸攻のみが生き残る戦果で、4機は損傷艦を雷撃するまでもちこたえ、「シカゴ」は短時間で転覆沈没した。この空戦は空母から出撃したF4Fとしては最後のひとつで、「ホワイティ」の呼び名のほうがよく知られているE・L・フェイトナー少尉はこのとき撃墜3機を公認されている。多くのワイルドキャット搭乗員同様、彼も1944年の中部太平洋攻勢作戦でF6Fに搭乗してエースとなる。［編注：1月30日、日本軍がこの攻撃に出撃させた陸攻は11機。米艦隊に対し巡洋艦1隻沈没、駆逐艦1隻大破の被害を与えたが、帰還できた陸攻は1機のみ］

議会名誉勲章受章者ジェファーソン・J・ドブラン中尉。8機撃墜という記録は第112海兵戦闘飛行隊搭乗員の最多戦果。このうち5機が1月31日に、爆撃機隊がベララベラ島方面で海上輸送隊を攻撃した作戦において、部下の小隊を率いて直掩したときにあげたものだった。零戦と二式水戦の混成隊に迎撃された彼は、あいついで零戦2機、二式水戦3機を撃墜。しかしその後自らも落下傘降下を強いられた。彼はコーストウォッチャー隊に2週間保持され、なんと、袋いっぱいの米と交換で海兵隊へ戻ってきたのだった。

翌日は陸上基地の搭乗員が思う存分機銃を撃つ番だった。1月31日、この時点で撃墜3機を公認されていた、第112海兵戦闘飛行隊の進級したてのジェファーソン・J・ドブラン中尉は、護衛任務のため小隊を指揮。ベララベラ島の艦船攻撃を行う攻撃隊を上空直衛中、高度14000フィート(4300m)で日本戦闘機の大軍と遭遇した。SBDとTBFは避退、ドブランらはこれを迎撃し増援も要請した。彼は燃料が減りつつあるなか1000フィート(300m)まで降下して低空で格闘戦を続け、二式水戦3機、零戦2機撃墜を報告。J・P・リンチ中尉、J・B・マーズ少尉も零戦各1機を落とした。だがドブランとジェームズ・フェリトン二等軍曹がコロンバンガラ島上空で機外脱出を強いられた。ふたりはコーストウォッチャーに身柄を保護され、2週間後に救助されるまで、彼らのおかげで日本軍との接触を避けることができた。善戦したドブランは議会名誉勲章を授与された。

新しい任務
After Guadalcanal

2月第1週[編注：2月1日、4日、7日の3次にわたって、日本軍はガダルカナル島からの撤退作戦を行った]、老舗の2個空母戦闘飛行隊がF4Fでの最後の戦果をあげた。このときニューカレドニアに配備されていた第6戦闘飛行隊「ファイティング・シックス」、別名「シューティングスターズ」(Shooting Stars＝流星隊)は、F4Fを運用する作戦最後の3日で敵哨戒機4機を海上へ落とした。一方、ガダルカナルから出撃した第72戦闘飛行隊は、4日のニュージョージア島攻撃で零戦6機撃墜を報告。かつての空母「ワスプ」搭載飛行隊はここで歴史の彼方へと去っていくのである。

ぎっしり埋まったスコアボードを囲んだ、第112海兵戦闘飛行隊の「ウルフパック」隊。1943年2月に撮影。エース搭乗員ポール・J・フォンタナ少佐が指揮する同部隊は、1942年10月末から始まったヘンダーソン基地での前線勤務期間中に61.5機撃墜のスコアをあげた。「カクタス」での作戦期間中に本部隊が生み出したエースは隊長(5機。以下いずれも1942年の記録)、J・J・ドブラン中尉(8機)、J・G・パーシー中尉(5機)の3名。米本国帰還直前に撮影された本写真では、スコアボード上に58個の戦果が表示されている。

第72戦闘飛行隊がその作戦記録を閉じた同日、海軍のF4Fの歴史は新しい時代を迎えた。1943年初め、護衛空母戦闘飛行隊(Escort Carrier Fighting Squadron：VGF) 6個が南西太平洋方面配備となった。ただし母艦からの作戦を実施した部隊はほとんどなかった。護衛空母CVE-26「サンガモン」、CVE-27「スワニー」、CVE-28「シェナンゴ」は所属飛行隊をおもに陸上で運営し、戦闘出撃のほとんどすべてをソロモン諸島の各飛行場から実施した。

　[訳注：記号VGFは艦種制定当初護衛空母に与えられた艦種記号AVGから由来するものと思われる。なお、AVG＝汎用特務空母は、1942年夏にACV＝補助空母、翌年夏にCVE＝護衛空母に変更されており、この時点の正しい艦種記号はACV]

　このうちもっとも成功したのは第21戦闘飛行隊、開隊時の名称は第11護衛空母戦闘飛行隊、であった。C・H・オストロム大尉が指揮をとるこの部隊は、1943年3月に第11混成飛行隊となるが、まもなく「ファイティング21」と改称される。第11護衛空母戦闘飛行隊は2月4日、二度にわたって行われた各隊合同のムンダ艦船攻撃で護衛任務を担当。部隊のF4F 3機が合計10機撃墜を報告している。

　2月、新編成への転換が始まった。W・E・ギーズ少佐の第124海兵戦闘飛行隊が到着し、「ファイティング124」は最初のコルセア装備部隊として大いに注目された。性能的優位はいうまでもなく、F4Uはワイルドキャットより長大な航続距離も有し、ソロモン諸島のかなり奥までの索敵戦闘や護衛任務を、ただちに開始することができた。ただし、一方のF4Fもまだまだ仕事は多かった。

　もっとも、仕事のほとんどはもっぱら海兵隊にまわってきた。米海軍戦闘機隊は3月から5月にかけて戦闘の機会がほとんどなく、例外は4月1日、第27、28戦闘飛行隊がエスペランス岬とラッセル諸島の付近で行った格闘戦2回くらいだった。だが、埋め合わせの機会はすぐにやってきた。

列線の雰囲気をよくとらえたこの写真は、終わり無き戦いを思わせたガダルカナル戦が、1カ月ほど小康状態を保っていたころの、1943年5月13日に撮影された。しばしの中休みで日本側は最終攻勢(この写真撮影からちょうど1カ月後に実施)にそなえた兵力の立て直しを、一方の米海兵隊はワイルドキャットの任務にF4Uコルセアの導入を始めていた。この写真の主役となる飛行隊はこれまで第223海兵戦闘飛行隊と誤認されていたが、同隊は作戦期間中の戦力消耗のため、前年10月に米本土へ後退しており、使い込まれたこれら機体は海軍の第11戦闘飛行隊「サンダウナーズ」所属が正しい。この部隊は1943年にヘンダーソン基地へ配備された米海軍、海兵隊戦闘機部隊中、最大戦果の55機撃墜をもって本戦域での作戦期間を終了した。ヤシ林の合間に立ち並ぶ快適な「テント・シティ」に注意。これらは列線からちょうどひとっ走りで着ける距離にある。
(via Aeroplane)

日本軍最後の攻勢
On 7 April 1943

　4月7日、日本軍はガダルカナルに対し、九九艦爆67機、そしてこれを覆う

雲霞のごとき110機の零戦による、恐るべき作戦を発動した。[編注：1943年4月、日本軍はラバウルおよびその周辺基地に空母航空兵力のほとんどを集結。ソロモン諸島南部における米軍の増強を阻止、または遅らせようと、基地航空兵力とあわせた全航空兵力をもってソロモンおよびニューギニアの連合軍を攻撃する「い号」作戦を発動した。作戦は4月7日、11日、12日、14日の4回にわたって実施され、ラバウルに進出した連合艦隊司令長官山本五十六大将が、直接指揮をとった。4月7日の日本側戦爆連合は零戦157機、艦爆67機]。

米海兵隊3個、陸軍4個飛行隊のF4F、F4U、P-38、P-39、そしてP-40がこれを迎え撃った。同日午後、迎撃を実施したF4F 2個飛行隊のうち、第214海兵戦闘飛行隊が敵に最初の損害をあたえた。ジョージ・ブリット大尉率いる同隊はエスペランス岬からコリ岬のあいだで零戦6機、艦爆4機撃墜を報告。このうち2機の撃墜を認められたアルヴィン・J・ジェンセン二等軍曹は戦闘機隊で活動した最後の下士官搭乗員のひとりで、まもなく少尉に任官し、公認撃墜7機で終戦を迎える。またこれは部隊がF4Fを装備しているあいだ唯一の戦闘だった。

続いてロバート・バーンズ大尉の指揮で第221海兵戦闘飛行隊が上がった。零戦直掩陣が迎撃側の大半を押しとどめるあいだに、戦闘空間はエスペランス岬から東の泊地のほうへと広がっていった。このころまでにF4Fと陸軍戦闘機隊は零戦の集団からおおよそ30機を切り崩していたが、九九艦爆隊はそのままだった。ツラギ沖の米艦船へ向かう艦爆隊に追いついたのはたった1個小隊のワイルドキャットだった。

第221海兵戦闘飛行隊の小隊指揮官J・E・「ジーク」・スウェット中尉にとってこれが初めての戦闘だった。が15000フィート(4600m)から降下を開始する艦爆15機の最後尾に食いつき2機を炎上。その後、味方対空砲火の圏内へ入っても猛攻を続け、別の機を捕捉して海上に落とした。だが自機も味方の砲弾1発を被弾、短時間近くの島の上で旋回して損傷程度を確かめたのち、ふたたび戦闘に加わった。

北方へ退避しつつある艦爆5機に目星をつけたスウェットは、スロットルを絞ってこれをとらえ、後下方から飛び越しつつ2機を撃墜。これで5機目のを撃墜。続いて正面1海里半(2.8km)に別の艦爆隊を望見。減ってきた弾薬を意識

この「サンダウナーズ」のF4F-4ワイルドキャットは、部隊の作戦期間終了間際の1943年7月に、交戦で損傷したもの。基本塗装がブルーとグレイの2色迷彩、国籍標識は4カ所と、当時の典型的マーキングを示している。また白のステンシルで胴体上に「F27」、主翼上面に「27」、加えて風防直下に部隊固有のインシグニアを記入している。(via Robert L Lawson)

し、近くまで我慢してから経済的に引き金を引く。さらにを2機撃墜した。

「ジーク」・スウェットはここで戦闘を切り上げておいたほうが良かったかも知れない。しかし、そうしなかった彼は視認できる最後の艦爆に追いつき、後部射手と撃ち合って、両者とも被弾。艦爆は煙を曳きながら消えていったが、スウェットも破壊されたワイルドキャットで不時着水した。あやうく溺れかかった彼は魚雷艇に救助され、議会名誉勲章受章を決めた。ジャック・ピットナム二等軍曹も艦爆1機撃墜を報告し、これが当日のワイルドキャットによる12機目の公認戦果となった。日本側記録によると艦爆の喪失数は米側ときっちり一致しているが、零戦の喪失については米軍報告27機のうち9機のみしか認めていない。対するF4Fの損失は7機(搭乗員は全員生還)であった。

攻撃中、ほとんど妨害を受けなかった九九艦爆隊は油槽船1、駆逐艦2を撃沈。日本側記録で認められている合計被撃墜機数は29機であるが、米戦闘機隊は合計40機の戦果を認定されている。コルセア搭乗員の撃墜は1機だけで、米陸軍戦闘機隊は零戦11機撃墜を報告しているが(P-38喪失1機)、戦果の主体はF4F隊があげたものだった[編注:4月7日、未帰還零戦12機、九九艦爆9機]。

4月7日の戦闘はソロモン諸島で海兵隊がワイルドキャットを用いた最後のものとなった。第221海兵戦闘飛行隊は5月19日までに、第214海兵戦闘飛行隊は6月に、コルセアへの機材更新を終了。コルセアを運用する第214海兵戦闘飛行隊は、夏の終わりに「ブラックシープ」[編注:「厄介者飛行隊」。Blacksheep＝黒い羊は所属する群(集団)の厄介者を意味する言葉]部隊としてその名をとどろかすこととなる。

ラッセル諸島の戦い
Battle Over Russel Islands

4月の残りと5月の大半、ガダルカナルとその周辺はいたって穏やかだった。だが6月はそうもいかなかった[編注:1943年6月、日本軍はガダルカナル島西方のラッセル諸島に敵をおびき出し撃滅する「ソ」作戦と、この事前撃滅作

ソロモンでの戦闘が拡大しつつある1943年初めの米国内では、新編されたF4F部隊が鋭意錬成中であった。写真のワイルドキャット6機は、4月のニューヨーク州フロイド・ベネット飛行場上空を梯形編隊で飛行する第24戦闘飛行隊所属機。この部隊はのちに数段性能の上回るF6F-3ヘルキャットをあたえられ、軽空母「ベローウッド」に配備された。
(via Robert L Lawson)

後に戦爆連合でガダルカナル島を攻撃する「セ」号作戦を企図。第一次「ソ」作戦が6月7日、第2次「ソ」作戦が6月12日、「セ」号作戦が6月16日に実施された]。12日、米海軍第11戦闘飛行隊のW・N・リオナード大尉はラッセル諸島北西10海里（19km）で30機以上の零戦を迎撃。「サンダウナーズ」[訳注：「Sundowners＝日の丸を落とす男」は第11戦闘飛行隊の部隊章であった。カラー塗装図14と解説を参照。なお、Sundownerにはもともと「夕方に仕事のあとで飲む一杯」という意味がある] 16名は燃料が不足しながらもこれと戦い、終ったときには14機を撃墜していた。5機はヴァーノン・E・グレアム中尉の戦果で、米海軍で陸上基地から発進し即日エースとなった唯一の、そしてワイルドキャットでこの戦果を達成した最後の例となっている。彼は燃料切れでエンジン停止のまま不時着したが、救助されふたたび飛行をこなした。なお海兵隊のF4Uも6機撃墜を報告した[編注：12日、ラッセル諸島上空に進撃した零戦は計77機。日本側損害は未帰還6機、被弾7機]。

16日、日本海軍はガダルカナル島攻撃のためふたたび空母航空部隊を転用。参加機数94機は4月7日以来の大兵力だったが、防御側「エアソル（AirSol＝ソロモン空軍）」戦闘機隊はこのうち76機撃墜を報告し、彼らの記念すべき日ともなるのである。P-38搭乗のマーレイ・J・サビン中尉の零戦5機など42機が陸軍側の公認戦果だが、部隊としてのトップ戦果はここでも海軍の第11戦闘飛行隊だった。部隊指揮官チャールズ・M・ホワイト少佐指揮のもと「サンダウナーズ」の数機が爆撃機隊へ突入し、チャールズ・R・スティンプソン中佐が4機、ジェームズ・S・スウォープ中尉が3機撃墜を報告。米軍戦闘機の損失は6機で、うちF4F 3機とP-40 1機は空中衝突事故のため失われたものである。コルセア隊はかろうじて零戦3機に銃撃を浴びせただけに終わった[編注：6月16日、日本軍戦爆連合は艦爆24機、掩護零戦70機でガダルカナル島南西から来襲。損害は零戦14機未帰還、1機不時着水、2機被弾。艦爆は13機未帰還、4機被弾であった]。

レンドバ上陸作戦
30 June 1943

6月30日に起こった戦闘はまる1日におよんだ。米戦闘機隊はニュージョージア島のとなりレンドバ島への上陸作戦を直衛し、112機撃墜を報告。コルセアが67機、海軍が34機、陸軍戦闘機隊は水上機11機を落とした。戦闘は午前なかばから午後遅くまで続き、範囲もムンダ地区全域におよんだ。艦上の戦闘機管制官から指揮を受ける海軍第21戦闘飛行隊は直援のため黎明にワイルドキャット32機を上げ、落下増槽を積んでガダルカナルから200海里（370km）近く先へ進路を向ける。オストロム少佐指揮下の搭乗員たちは射撃の機会が山ほどあるだろうと予測したが、はたしてその通りであった。この日部隊は4機喪失に対し32機撃墜を報告。W・C・スミス中尉はG・F・ボイル中尉同様、零戦2機、一式陸攻1機を撃墜。ロス・トーケルソン大尉は陸攻2機確実、1機不確実撃墜、のちにエースとなるジョン・サイムズ少尉が零戦2機、トム・ローチ中尉も一式陸攻2機撃墜を記録した。

レンドバ上陸作戦はF4F搭乗員にとって大戦最後の大空戦となった。8月までに南太平洋の海兵戦闘飛行隊はすべてF4Uへの改変を済ませ、わずかとな

1943年、陸上基地の第72、11戦闘飛行隊は、F4Fを装備する米海軍戦闘機部隊のなかで最大の戦果をあげ、8カ月間の戦果は120機を超えた。当時第11戦闘飛行隊でもっとも成功を収めた搭乗員のひとりが、ヴァーノン・E・グレアム中尉である。6月12日、ラッセル諸島北西で同部隊のF4F-4 16機が敵機30機を迎撃した際に、零戦5機を撃墜し、陸上基地部隊唯一の即日エース達成者となる。なお、部隊はこのほかに零戦9機撃墜を報告している。燃料切れの状態で「カクタス」基地へ帰着したグレアムは、これをどうにかあやつり、不時着損傷で切り抜けた。

カラー塗装図
colour plates

解説は99頁から

以下14ページにわたっては、米海軍、海兵隊の優秀搭乗員、および英海軍航空隊の比較的著名なマートレット搭乗者らが使った機体の多くを側面図で示す。いずれも特別描き下ろしで、側面図はクリス・デイヴィー、キース・フレットウェル、ジョン・ウィール、また人物編はマイク・チャベルの製作。著しい努力を払って詳細なリサーチのもと機体や搭乗員を可能な限り精緻に作画している。エース搭乗機のうち従来カラーで描かれたことのなかったものについては、もっとよく知られている戦時中の機体から正しく推定した。

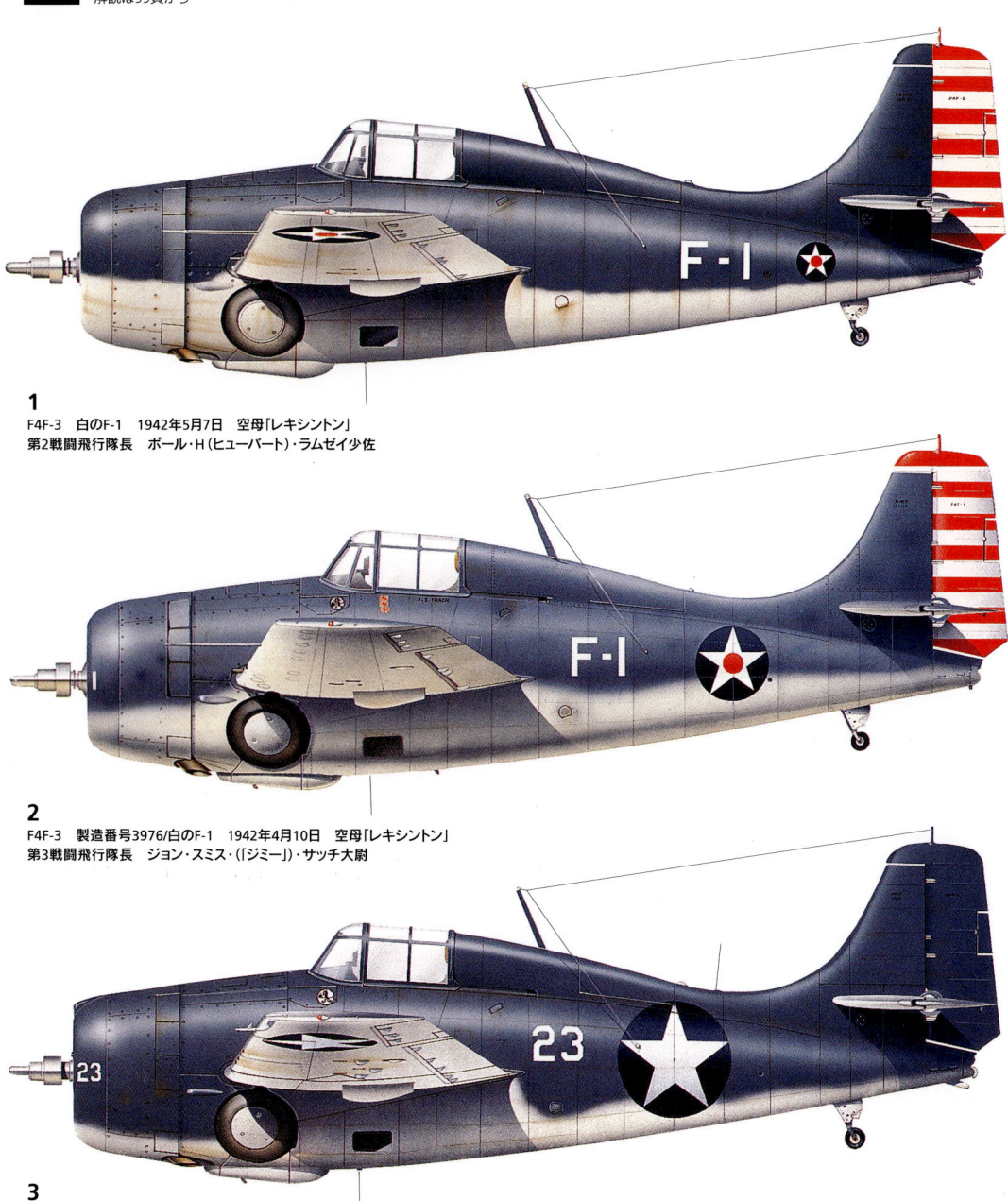

1
F4F-3　白のF-1　1942年5月7日　空母「レキシントン」
第2戦闘飛行隊長　ポール・H（ヒューバート）・ラムゼイ少佐

2
F4F-3　製造番号3976/白のF-1　1942年4月10日　空母「レキシントン」
第3戦闘飛行隊長　ジョン・スミス・（「ジミー」）・サッチ大尉

3
F4F-4　製造番号5093/白の23　1942年6月4日　ミッドウェイ　空母「ヨークタウン」
第3戦闘飛行隊長　ジョン・S・サッチ少佐

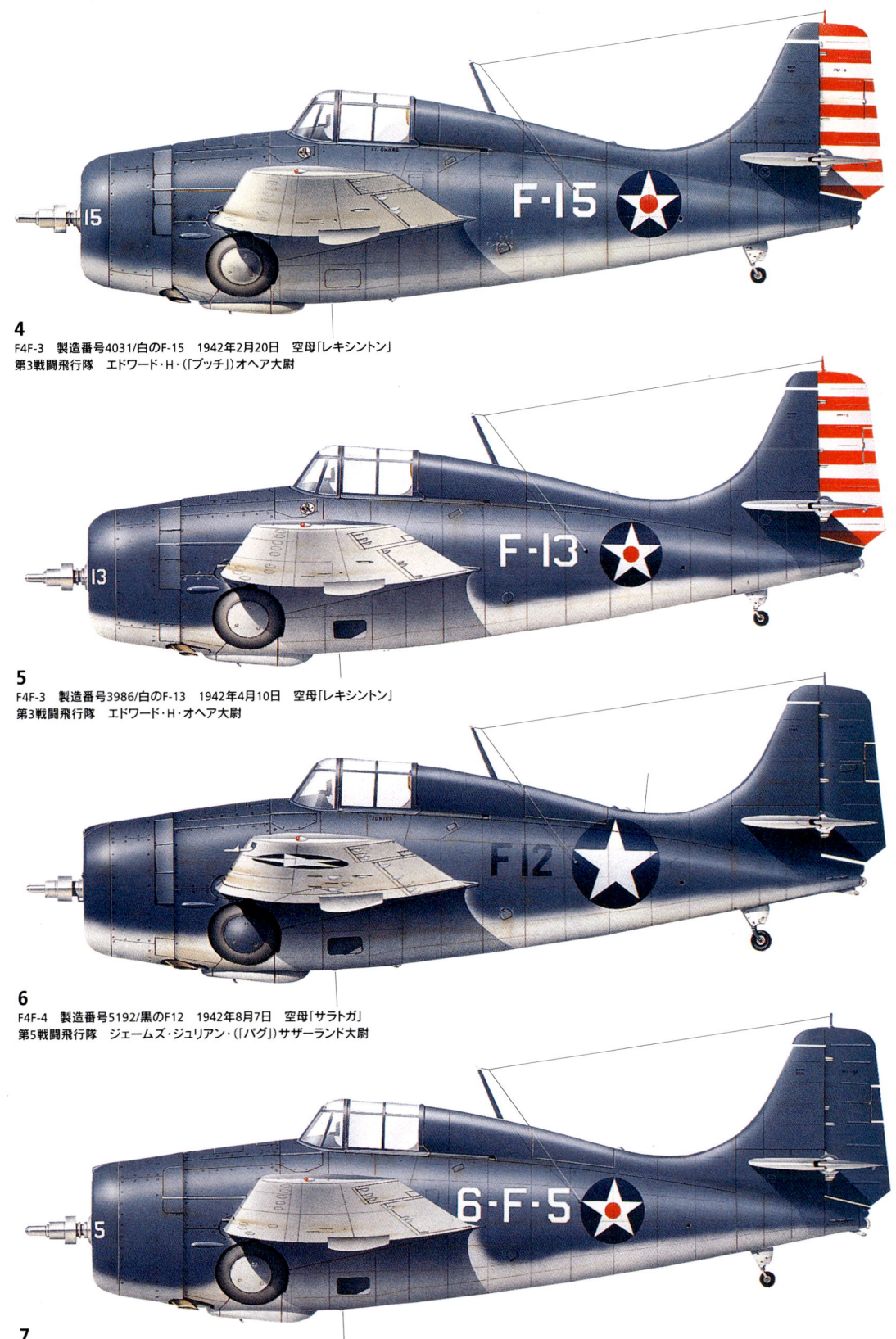

4
F4F-3　製造番号4031/白のF-15　1942年2月20日　空母「レキシントン」
第3戦闘飛行隊　エドワード・H・(「ブッチ」)オヘア大尉

5
F4F-3　製造番号3986/白のF-13　1942年4月10日　空母「レキシントン」
第3戦闘飛行隊　エドワード・H・オヘア大尉

6
F4F-4　製造番号5192/黒のF12　1942年8月7日　空母「サラトガ」
第5戦闘飛行隊　ジェームズ・ジュリアン・(「バグ」)サザーランド大尉

7
F4F-3A　製造番号3916/白の6-F-5　1941年12月7日　空母「エンタープライズ」
第6戦闘飛行隊　ジェームズ・G・ダニエルズ少尉

8
F4F-3A 製造番号3914／黒のF-14 1942年2月1日 空母「エンタープライズ」
第6戦闘飛行隊 ウィルマー・E・(「ビル」)・ラウィー大尉

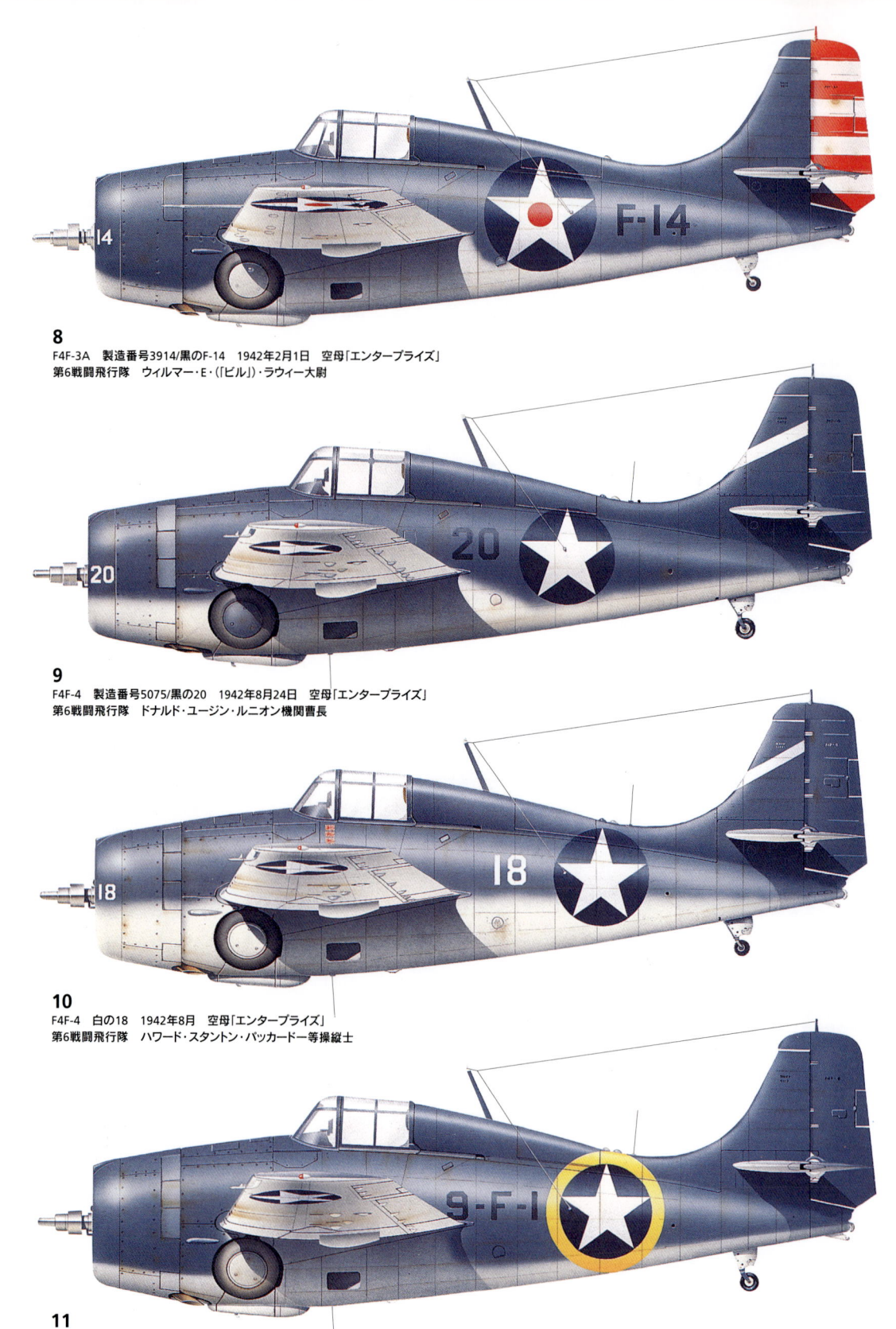

9
F4F-4 製造番号5075／黒の20 1942年8月24日 空母「エンタープライズ」
第6戦闘飛行隊 ドナルド・ユージン・ルニオン機関兵曹長

10
F4F-4 白の18 1942年8月 空母「エンタープライズ」
第6戦闘飛行隊 ハワード・スタントン・パッカード一等操縦士

11
F4F-4 黒の9-F-1 1942年11月「トーチ」作戦時 空母「レンジャー」
第9戦闘飛行隊 ジョン・レイビー少佐

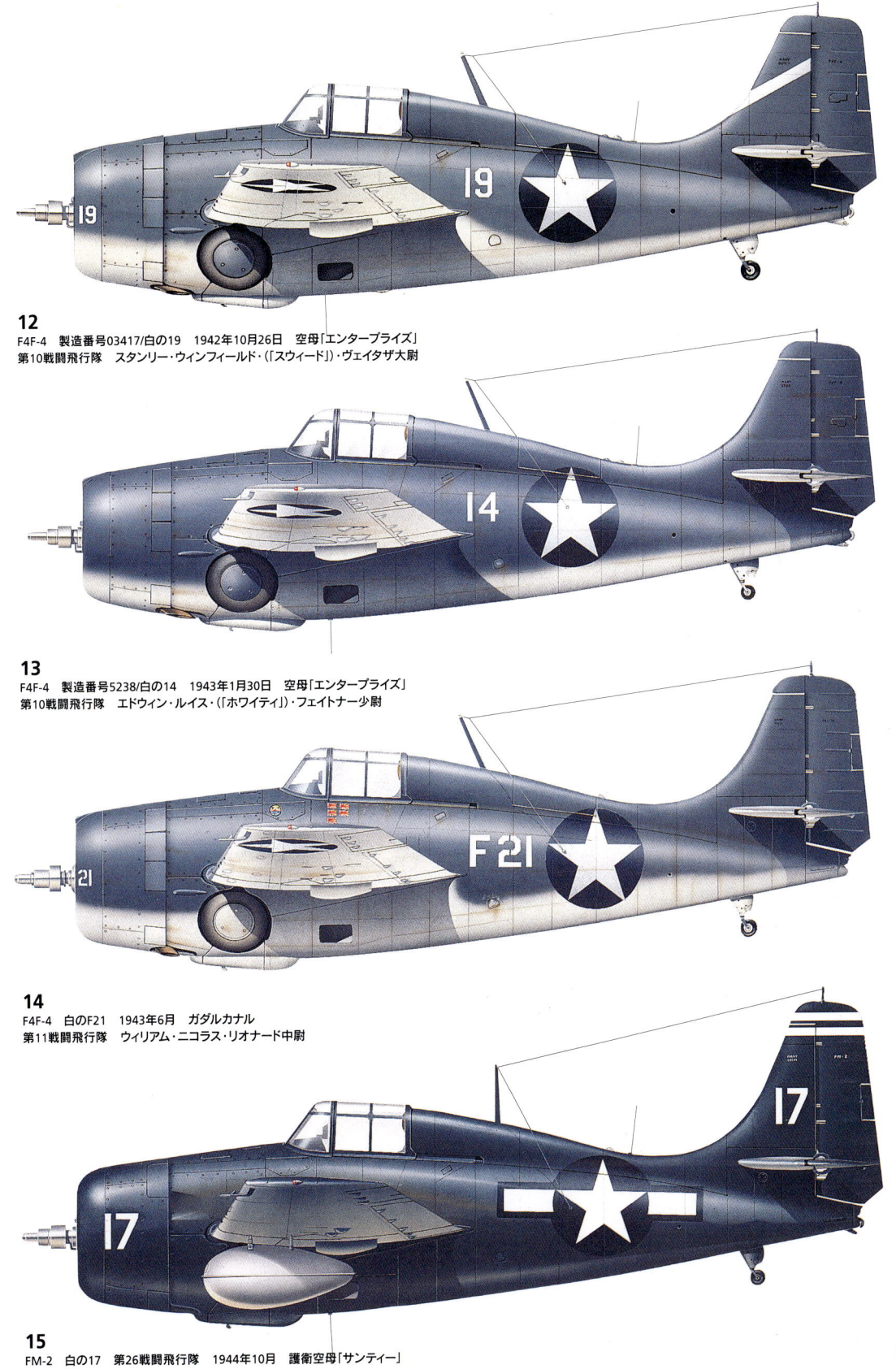

12
F4F-4　製造番号03417/白の19　1942年10月26日　空母「エンタープライズ」
第10戦闘飛行隊　スタンリー・ウィンフィールド・(「スウィード」)・ヴェイタザ大尉

13
F4F-4　製造番号5238/白の14　1943年1月30日　空母「エンタープライズ」
第10戦闘飛行隊　エドウィン・ルイス・(「ホワイティ」)・フェイトナー少尉

14
F4F-4　白のF21　1943年6月　ガダルカナル
第11戦闘飛行隊　ウィリアム・ニコラス・リオナード中尉

15
FM-2　白の17　第26戦闘飛行隊　1944年10月　護衛空母「サンティー」

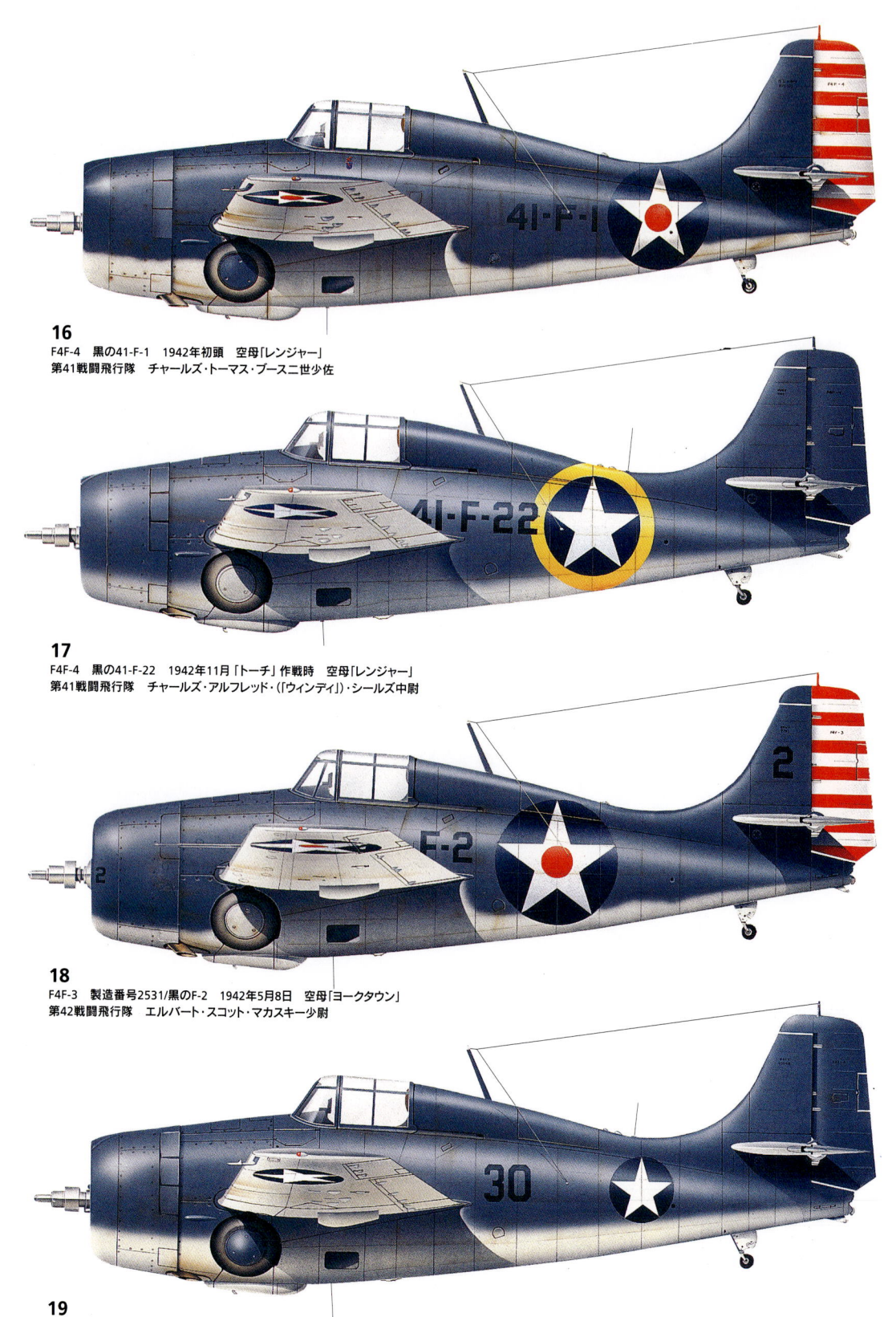

16
F4F-4　黒の41-F-1　1942年初頭　空母「レンジャー」
第41戦闘飛行隊　チャールズ・トーマス・ブース二世少佐

17
F4F-4　黒の41-F-22　1942年11月「トーチ」作戦時　空母「レンジャー」
第41戦闘飛行隊　チャールズ・アルフレッド・(「ウィンディ」)・シールズ中尉

18
F4F-3　製造番号2531/黒のF-2　1942年5月8日　空母「ヨークタウン」
第42戦闘飛行隊　エルバート・スコット・マカスキー少尉

19
F4F-4　製造番号02148/黒の30　1942年8月　空母「ワスプ」
第71戦闘飛行隊　クートニー・シャンズ少佐

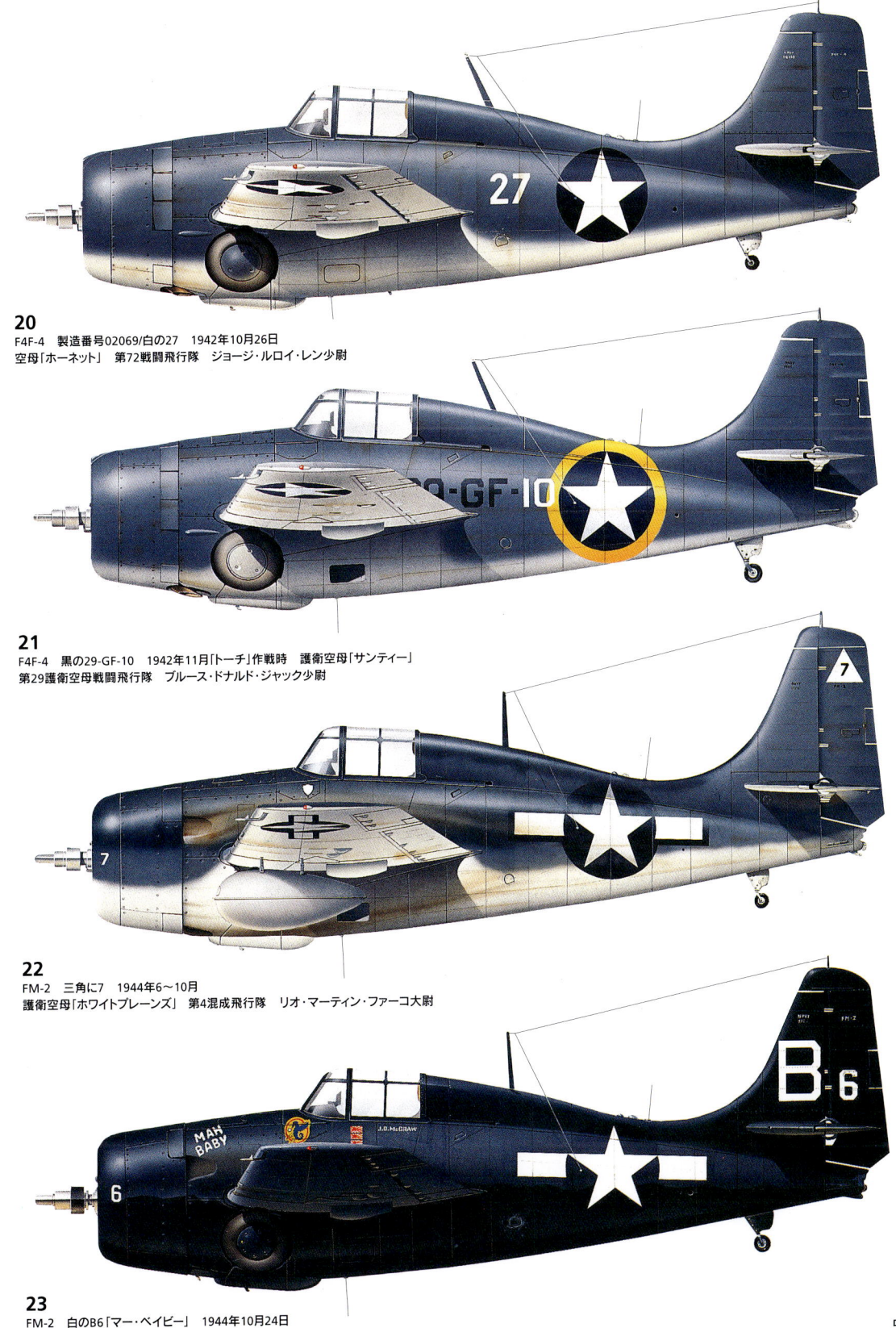

20
F4F-4 製造番号02069/白の27 1942年10月26日
空母「ホーネット」 第72戦闘飛行隊 ジョージ・ルロイ・レン少尉

21
F4F-4 黒の29-GF-10 1942年11月「トーチ」作戦時 護衛空母「サンティー」
第29護衛空母戦闘飛行隊 ブルース・ドナルド・ジャック少尉

22
FM-2 三角に7 1944年6〜10月
護衛空母「ホワイトプレーンズ」 第4混成飛行隊 リオ・マーティン・ファーコ大尉

23
FM-2 白のB6「マー・ベイビー」 1944年10月24日
護衛空母「ガンビアベイ」 第10混成飛行隊 ジョゼフ・D・マクグロウ少尉

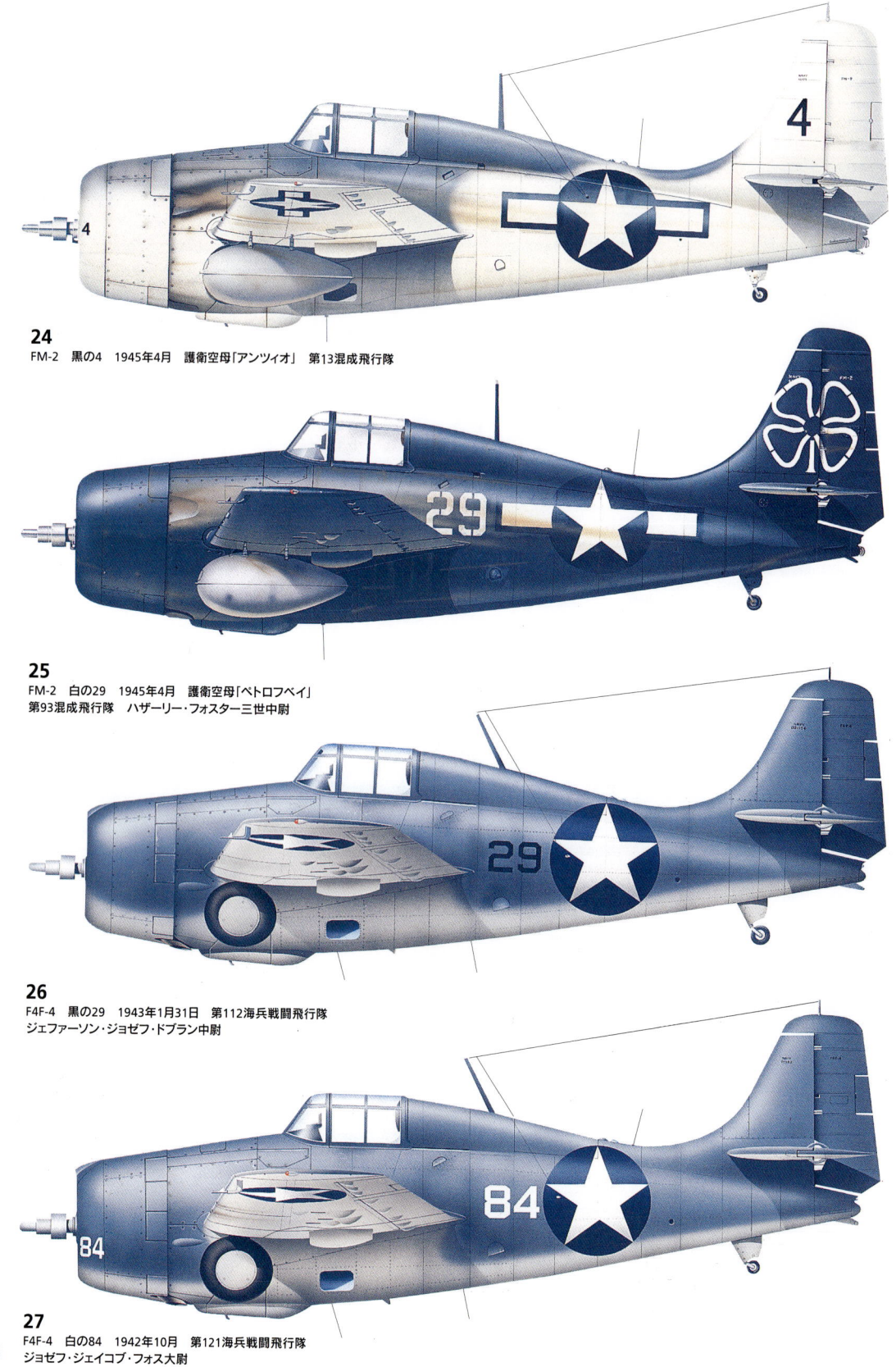

24
FM-2　黒の4　1945年4月　護衛空母「アンツィオ」　第13混成飛行隊

25
FM-2　白の29　1945年4月　護衛空母「ペトロフベイ」
第93混成飛行隊　ハザーリー・フォスター三世中尉

26
F4F-4　黒の29　1943年1月31日　第112海兵戦闘飛行隊
ジェファーソン・ジョゼフ・ドブラン中尉

27
F4F-4　白の84　1942年10月　第121海兵戦闘飛行隊
ジョゼフ・ジェイコブ・フォス大尉

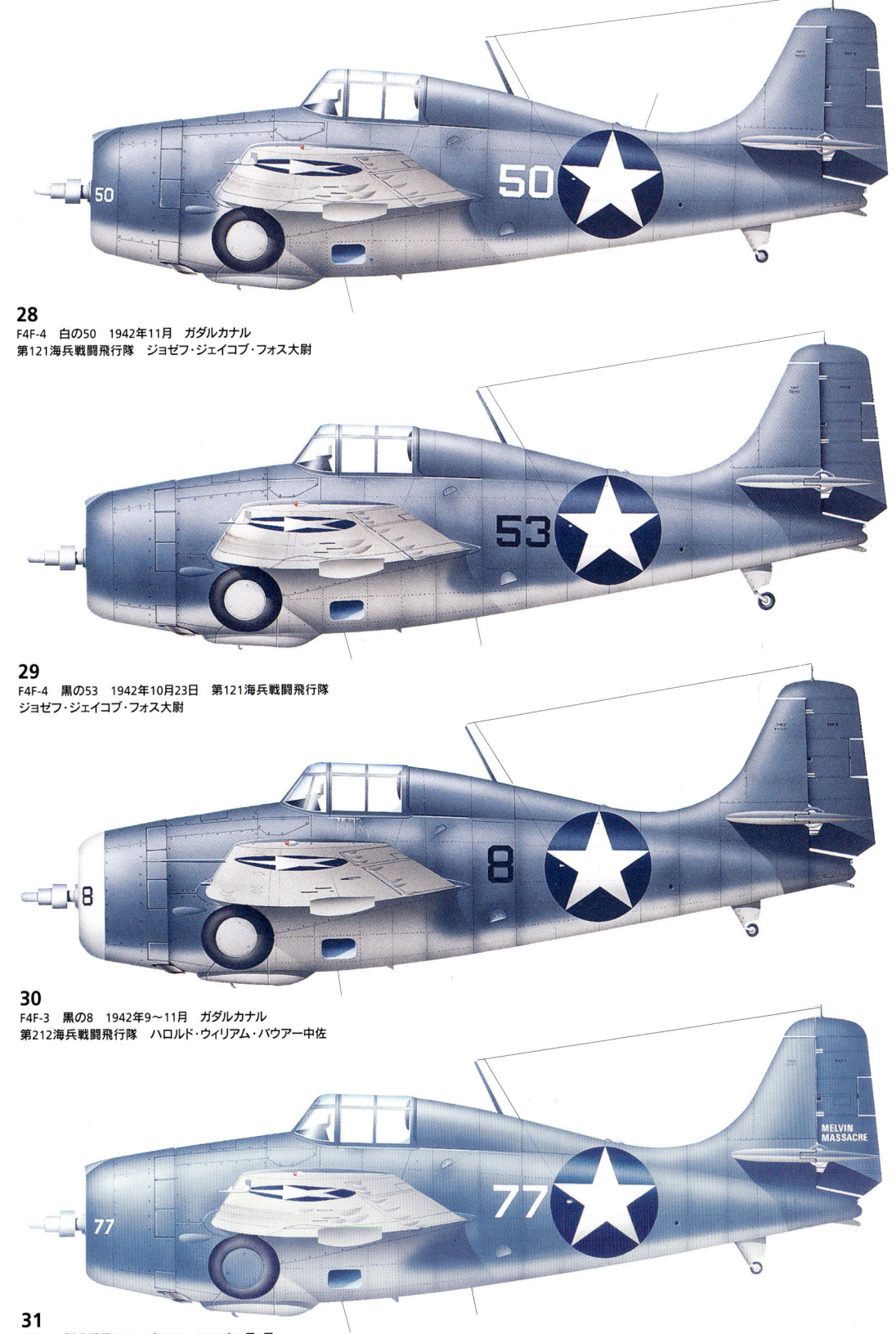

28
F4F-4　白の50　1942年11月　ガダルカナル
第121海兵戦闘飛行隊　ジョゼフ・ジェイコブ・フォス大尉

29
F4F-4　黒の53　1942年10月23日　第121海兵戦闘飛行隊
ジョゼフ・ジェイコブ・フォス大尉

30
F4F-3　黒の8　1942年9～11月　ガダルカナル
第212海兵戦闘飛行隊　ハロルド・ウィリアム・バウアー中佐

31
F4F-4　製造番号02124/白の77　1943年4月7日
第221海兵戦闘飛行隊　ジェームズ・エルムズ・スウェット中尉

32
F4F-4　製造番号02100/黒の13　1942年8月　ガダルカナル
第223海兵戦闘飛行隊　マリオン・E・カール大尉

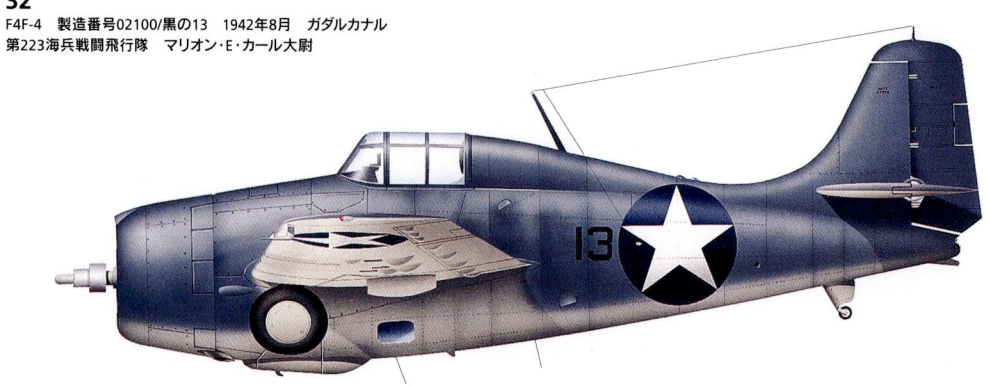

33
F4F-4　製造番号03508/黒の13　1942年9月　ガダルカナル
第223海兵戦闘飛行隊　マリオン・E・カール大尉

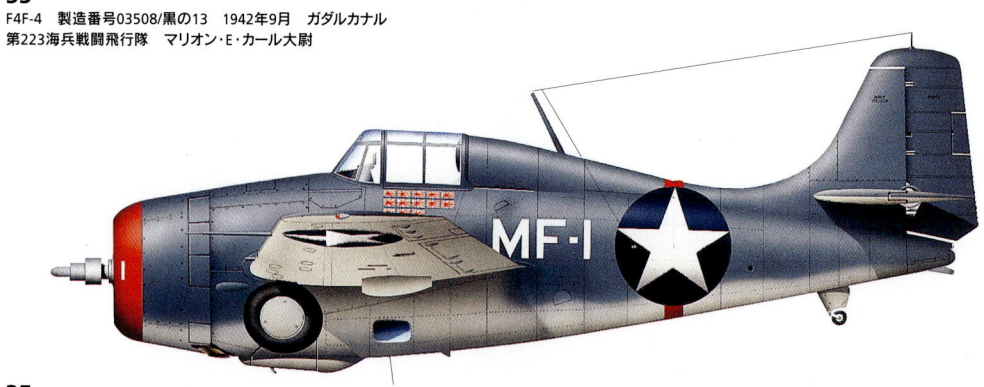

35
F4F-3　白のMF-1　1942年9～10月　ガダルカナル
第224海兵戦闘飛行隊　R・E・ゲイラー少佐

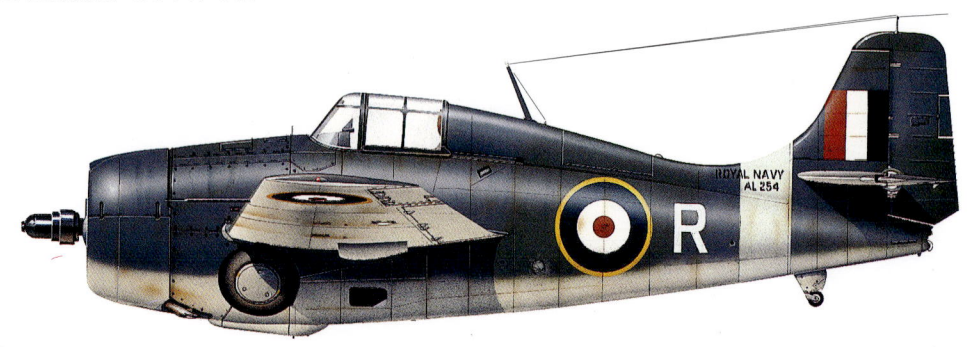

36
マートレットI　AL254/R　1941年11月8日　護衛空母「オーダシティ」
英海軍航空隊第802飛行隊　エリック・ブラウン中尉

34
F4F-4　白の2　1942年9月　ガダルカナル　海兵戦闘飛行隊（部隊・搭乗者不明）

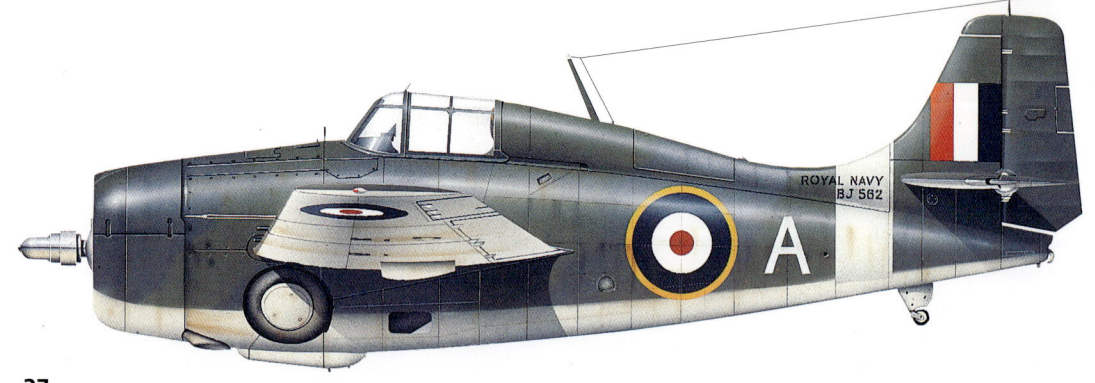

37
マートレットⅠ　BJ562/A　1940年12月24日　オークニー諸島スキーブレー
英海軍航空隊第804飛行隊　予備義勇兵パーク中尉

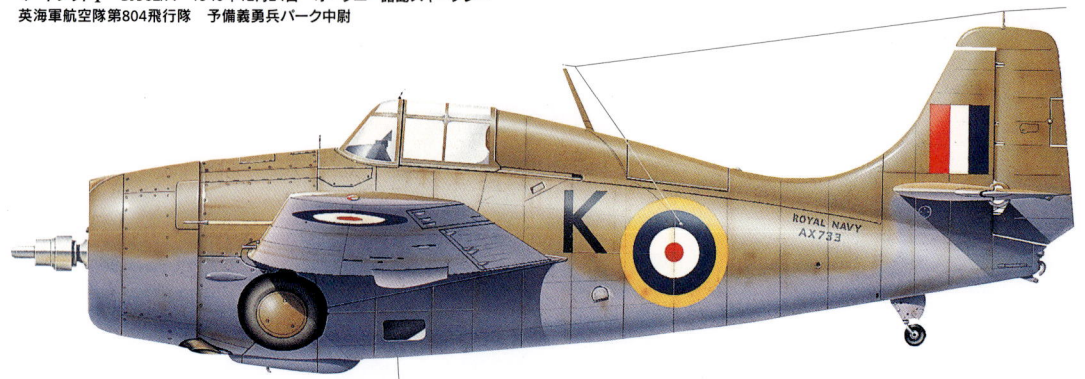

38
マートレットⅢ　AX733/K　1941年9月28日
英海軍航空隊第805飛行隊　W・M・ウォルシュ中尉

39
ワイルドキャットⅤ　JV573　1945年2月　護衛空母「ヴィンデックス」
英海軍航空隊第813飛行隊　R・A・フリーシュマン＝アレン中尉

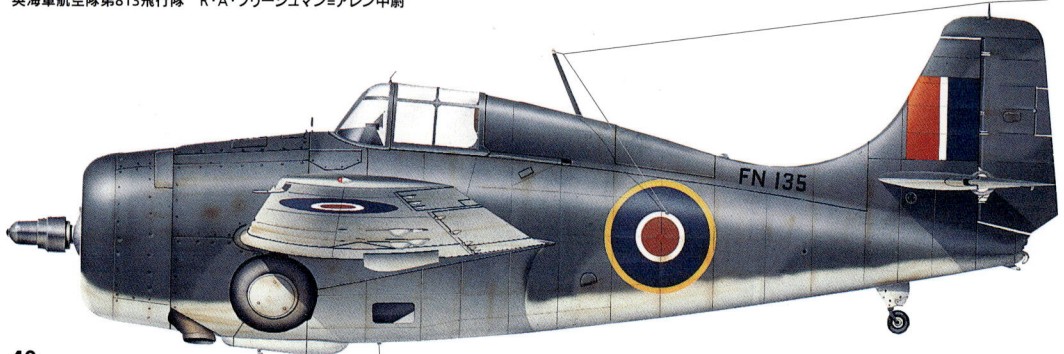

40
ワイルドキャット（マートレット）Ⅳ　FN135　1944年3月30日
護衛空母「アクティヴィティ」　英海軍航空隊第819飛行隊　R・K・L・イーオ中尉

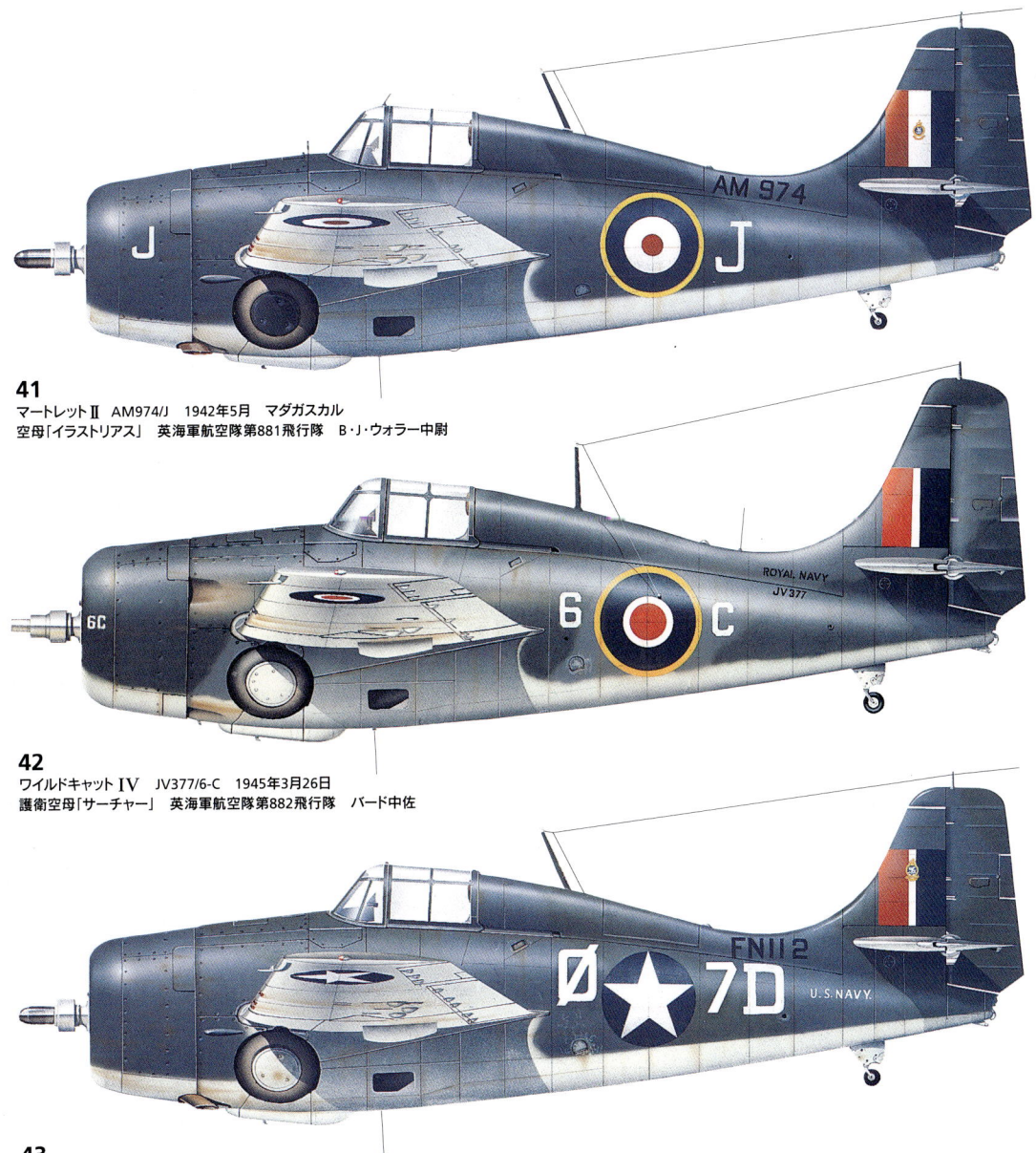

41
マートレットⅡ　AM974/J　1942年5月　マダガスカル
空母「イラストリアス」　英海軍航空隊第881飛行隊　B・J・ウォラー中尉

42
ワイルドキャットⅣ　JV377/6-C　1945年3月26日
護衛空母「サーチャー」　英海軍航空隊第882飛行隊　バード中佐

43
マートレットⅡ　FN112/識別符号0-7D　1942年11月9日「トーチ」作戦時
空母「フォーミダブル」　英海軍航空隊第888飛行隊　デニス・メイヴォア・ジェラム大尉

パイロットの軍装
figure plates

解説は105頁から

2
第121海兵戦闘飛行隊
ジョー・フォス大尉
ガダルカナルの最上位エース
この飛行装備が当戦線の典型例

3
エリック・「ウィンクル」・ブラウン中尉
1941年11月
英海軍航空隊第802飛行隊で
マートレットIに搭乗

1
第224海兵戦闘飛行隊長
ロバート・E・ゲイラー少佐
1942年末の作戦期間中　ガダルカナル

5
第21戦闘飛行隊の一大尉
1943年晩夏　ソロモン諸島

4
FM-2の最上位エース
第27混成飛行隊長ラルフ・エリオット大尉
1944〜45年　護衛空母「サヴォアイランド」艦上

6
第3戦闘飛行隊の「ブッチ」・オヘア中尉
1942年初頭　グリーン／グレイ制服着用

63

ったグラマン機の担当領域もこれでなくなった。そして同月、南西太平洋でF4Fを使用していた最後の海軍飛行隊であるラッセル諸島配備の第26、27、28戦闘飛行隊も戦闘から撤退した。この各隊は4月から7月の期間中、それぞれ10～12機の戦果を記録していた。太平洋の海軍所属F4F最後の撃墜記録は7月25日、ムンダ付近で第21戦闘飛行隊が零戦8機撃墜を報告。N・W・ハッチングス少尉が3機、T・H・ムーア中尉が2機を落とした。その爆煙が晴れたとき、米海軍航空の一時代が終ったのである。

ソロモン戦の戦果
Solomons Summary

2月から7月にかけて、米海軍第21戦闘飛行隊（途中の名称変更はともかくとして）は空戦撃墜69機を報告し、1943年のF4F部隊で一番の戦果を記録した。実のところF4Fが最終的に戦線から姿を消した8月末までに第21戦闘飛行隊の上をゆくのは、「エアソル」トップ戦闘飛行隊となるコルセア装備の海兵第213戦闘飛行隊だけだったのだ。太平洋戦域の米海軍および海兵隊戦闘飛行隊の全公認戦果中、F4Fはいまだ44％を報じていた。

1943年2月初め、日本軍がガダルカナル島を撤退した時点で、ワイルドキャットの「カクタス」基地配備部隊と母艦搭載部隊あわせて約30名のエースを輩出していた。また航空戦の舞台がラバウル方面へと移動したこの夏までに海軍5名、海兵隊4名のエースがあらわれた。陸上基地から出撃した彼ら搭乗員が、同戦域に残る海軍F4F-4戦力を最後まで有効に使い切る手助けをした。

第11戦闘飛行隊「サンダウナーズ」から2名、チャールズ・R・スティムソン中尉が6機とヴァーノン・E・グレアム中尉が5機を撃墜しエースの仲間入りをした。ジェームズ・S・スウォープはおしくもおよばず4.67機（スティムソンとスウォープは1944年にヘルキャットのエースとなる）。「ファイティング21」は1943年に3名のエースを生んだ。ロス・E・トーケルソン大尉（7月22日戦死）、ジョン・サイムズ中尉、トーマス・D・ローチ中尉である。第27戦闘飛行隊のセシル・E・ハリス中尉はソロモンで最初の撃墜を記録し、その後、1944年末に空母CV-11「イントレピッド」搭載の第18戦闘飛行隊で大きな戦果をおさめる。同じく第27戦闘飛行隊のF4Fで初戦果をあげた未来のエースには、1943年から1944年の空母CV-17「バンカーヒル」搭載時代に、少佐として第18戦闘飛行隊のヘルキャットを率いることになるサム・L・シルバー大尉がいた。

海兵隊のトップのうちスミス、バウアー、ゲイラー、フォスは1942年の戦績から議会名誉勲章を授与された。さらに新年はじめの偉業で第112海兵戦闘飛行隊のジェフ・ドブラン中尉、第221海兵戦闘飛行隊のジム・スウェット中尉が続いた。ウェーク島のエルロッド大尉、海軍のオヘア中尉と並んで、このアメリカ最高の勲章を受けたF4F搭乗員は合計7名、太平洋戦域で議会名誉勲章を受けた戦闘機搭乗員の半数に近い。

もっともワイルドキャットの戦いがこれで完全に終ったわけではなかった。ガダルカナルから1100海里（2040km）東のエリス諸島に配備された第4航空群所属海兵第111、441戦闘飛行隊は、海兵隊最後のワイルドキャット装備実戦部隊であった。日付変更線付近の戦争はソロモンの基準から見れば退屈そのものだったが、時として猛威を振るう場面もあった。第441海兵戦闘飛行隊は米軍に配備されたF4Fによる最後の戦果をあげた点で特筆される部隊である。1943年3月27日と8月8日のフナフティ空襲でW・P・ボランド・ジュニア大尉が

爆撃機を2機撃墜、1機を撃破したのである。しかし同部隊も12月にFM-1を受領、翌年1月にはコルセアへの機材更新を開始した。こののち太平洋戦域の海兵隊に残るワイルドキャットは、各司令部や作戦部隊に残る使い古しのF4F-4若干と、写真偵察用F4F-7のみとなった。

■1943年F4Fエース

1943年1月から7月に最後のF4Fエースが生まれた。これを以下に示す。

氏名・階級	所属	撃墜数	備考
J・E・スウェット中尉	VMF-221	7	＋8.5□
C・R・スティムソン中尉	VF-11	6	＋10□
R・E・トーケルソン大尉（戦死）	VF-21	6	
T・D・ローチ中尉	VF-21	5.5	
J・C・C・サイムズ中尉	VF-21	5.5	＋5.5□
J・J・ドブラン中尉	VMF-112	5	＋3■
V・E・グレアム中尉	VF-11	5	
F・E・ピアースJr	VMF-121	5	＋1■
J・G・パーシー中尉	VMF-112	5	＋1■

■：1942年にF4Fであげた戦果
□：のちにF4U、F6Fであげた戦果

■太平洋戦線に配備されたF4F部隊の戦果表（1943年1月から7月）

部隊名	戦果	搭載艦または配備地
VF-21	69	ソロモン諸島（VGF-11時代の10機含む）
VF-11	55	ガダルカナル島
VMF-121	40	ガダルカナル島
VMF-112	25	ガダルカナル島
VMF-221	25	ガダルカナル島
VMO-251	20	ガダルカナル島
VF-10	13	「エンタープライズ」、ガダルカナル島
VF-27	12	ソロモン、ラッセル諸島
VF-28	12	ソロモン、ラッセル諸島
VF-26	11	ソロモン、ラッセル諸島
VMF-214	10	ガダルカナル島
VF-72	6	ガダルカナル島
VF-6	4	ニューヘブライズ諸島
VMF-441	2	エリス諸島
合計	304	

同期間中、F4Uの合計戦果は386機。

chapter 5

ヨーロッパと大西洋の戦い
toach and leader

　ヨーロッパ戦域でF4Fが果たした役割は、太平洋戦線と比較すればいたって小さなものだった。護衛空母(CVE)搭載の対潜混成飛行隊を除けば、米海軍のワイルドキャットがヨーロッパで枢軸側勢力を相手にした大きな作戦は、2回しかなかった。最初の作戦は大規模だった。それは1942年11月に開始された、連合軍の仏領モロッコ侵攻「トーチ(たいまつ)」だ［編注：1942年、連合軍はエジプトとシリアの国境エル・アラメインにおける決戦に呼応し、ドイツ軍の背後を衝くかたちで、はるか西のモロッコ、アルジェリアへの上陸を計画。作戦は「トーチ(たいまつ)」と名付けられ、11月8日に実行された］。

■「トーチ」作戦
Operation Torch

　この作戦に米空母は4隻参加した。「レンジャー」とCVE-27「スワニー」がカサブランカの上陸部隊主力をサポートし、CVE-26「サンガモン」とCVE-29「サンティー」がそれぞれ北と南の海岸沖に位置した。戦力はF4F-4が109機、そのほかにSBD-3、TBF-1で構成されていた。

　米上陸部隊の敵となるのは仏ヴィシー政府の海・空・陸の各兵力である。いまはナチス・ドイツに加担しているとはいえ、昔からのアメリカの味方と交戦が予期されることに、母艦搭乗員の多くは大いなる皮肉を感じていた。またモロッコに配備されているフランス部隊のひとつが1916年の「エスカドリユ・ラファイエット」の血統を引いていた点も、皮肉の度合いを深めていた［編注：Escadrille Lafayette＝ラファイエット飛行隊。第一次大戦中、米国の参戦以前にフランス軍で戦ったアメリカ人パイロットによって編成された義勇部隊。1916年4月、「エスカドリユ・アメリケーヌ」(Escadrille Americaine＝アメリカ人飛行隊)として編成完結。同年12月、「エスカドリユ・ラファイエット」に名称を変更。部隊の総撃墜記録は57機であった］。

　米陸軍部隊は11月8日、散発的抵抗を受けながら上陸作戦を実施。しかし仏空軍はけなげに戦った。大半が実戦経験のないF4Fの搭乗員たちは、3日間にわたってほとんど定期的に飛び、ドヴォアチーヌD520やカーチス・ホーク75

西海岸の友軍部隊が広大な太平洋戦線で断固たる戦いを繰り広げているころ、東海岸のF4F-4装備部隊、第41戦闘飛行隊は、中部大西洋で母艦「レンジャー」からのありきたりな哨戒任務にじっと耐えていた。この製造番号4084号機は開戦から6カ月間の米海軍戦闘機標準マーキングすべてが適用されている。1942年末、この部隊にもついに名誉を得るチャンスが訪れることになる。11月、「レンジャー」航空群は、北アフリカのヴィシー・フランス領へ上陸した連合軍の「トーチ」作戦で、上陸部隊の支援任務を実施。この時期までには国籍標識から赤色がすべて省かれて、さらに第41戦闘飛行隊のワイルドキャットではこの作戦用の特例として、ラウンデル外縁に細い黄色の輪を追加していた。(via Phill Jarrett)

に乗った経験で上回るフランス側搭乗員となんとか戦った。最大の空戦は11月8日で母艦搭乗員は18機撃墜を報告。戦果のうち13機はカゼー飛行場北方で、空戦を行ったC・T・ブース少佐の第41戦闘飛行隊が報じたものだった。また同じ「レンジャー」の兄弟部隊、第9戦闘飛行隊指揮官ジョン・レイビー少佐が1機を撃墜。残る4機は「サンガモン」搭載の第26護衛空母飛行隊の搭乗員が報告している［編注：11月8日、カゼー上空で仏軍操縦者5名戦死。この日、地上撃破、事故を含めて計13機を失った］。

2日目の作戦では交戦機会がかなり減り、戦果は「レンジャー」のワイルドキャットが独占するかたちとなった。「ファイティング・ナイン」は5機撃墜を報告、第41戦闘飛行隊はフェダラ付近へ数回出撃し、唯一の戦果をあげた［編注：仏軍は第9戦闘飛行隊との交戦で、ホーク4機を喪失］。護衛空母の搭載部隊がふたたび交戦したのは10日、「サンティー」を発艦した第29護衛空母飛行隊の搭乗員が内陸でポテーズ63 1機を撃ち落とした。

トーチ作戦の期間中、F4Fは仏空軍および仏海軍の25機撃墜を報じたが、英軍機2機も誤って撃墜された可能性がある［編注：ハドソン、スピットファイア各1機］。上位成績は以下の通り。

氏名・階級	所属	搭載艦	撃墜数
C・V・オーガスト中尉	VF-41	「レンジャー」	2
M・M・ファーニー大尉	VF-41	「レンジャー」	2
B・N・メイヒュー中尉	VF-41	「レンジャー」	2
J・レイビー少佐	VF-41	「レンジャー」	2
C・A・シールズ中尉	VF-41	「レンジャー」	2
E・W・ウッドJr大尉	VF-41	「レンジャー」	2

戦果もあったが総じて米側の損失も深刻だった。11月11日の時点で空戦による喪失が5機、6機のF4Fが対空砲火で落とされ、そのほか作戦中に14機を失った。もっとも損害の大きかったのは「レンジャー」の2個飛行隊で、第9、第42戦闘飛行あわせて12機を失っている。それでもトーチ作戦は値打ちあるも

陸軍のパイパーL-4カブ2機が、本機と交錯しない進路で上空を航過するのを見て、空母「レンジャー」の木製甲板上で発艦の合図を受ける第41戦闘飛行隊のF4F-4。この観測機は「レンジャー」が陸軍用として若干数を北アフリカまで搭載してきたもの。ワイルドキャットの右側にならんだ新品爆弾は、本艦に所属してヴィシー・フランス海空軍各施設への攻撃に奮闘した第41偵察飛行隊のSBD-3ドーントレス18機が搭載する。「レンジャー」は第9および第41戦闘飛行隊が同数のF4F-4、合計54機以上を擁して「トーチ」作戦へ向かったが、敵機との空戦と地上砲火のためワイルドキャット計12機を喪失。搭乗員4名戦死、3名が捕虜となる大きな損害を被った。しかし、これすらも護衛空母「サンティー」搭乗の第29護衛空母戦闘飛行隊が経験した損害よりはましだった。この部隊は、ほぼ3日間の戦闘でワイルドキャット12機中10機以上を損失したのだ。うち4機は滑走距離の短い泥濘のサフィ臨時飛行場で着陸事故を起こして廃棄されたものであった。このような惨禍を通して戦死した搭乗員はG・N・トランプター中尉の1名のみだったことが救いだった。彼は部隊が侵攻当日の朝に実施した黎明哨戒の際、乗機F4F-4が油圧低下のため大西洋へ墜落、行方不明となった。

(via Jerry Scutts)

のだった。多数の若手戦闘機搭乗員がモロッコ上空で自分たちの戦術や練度を試してしてから、大日本帝国へと向かっていくことになったからだ。なおジョン・レイビー少佐の第6戦闘飛行隊の搭乗員に、モロッコでカーチスH75 1機を撃墜したマーヴィン・J・フランガー中尉がいた。彼は終戦まで三度の前線勤務に就き、その間、海軍で唯一、渡り歩いた4隻の空母それぞれで公認戦果を記録するエースとなる。

■1942年から1943年の大西洋戦域におけるF4F装備部隊の戦果

部隊名	撃墜数	搭載艦	参加した作戦
VF-41	14	「レンジャー」	トーチ
VF-9	6	「レンジャー」	トーチ
VGF-26	4	「サンガモン」	トーチ
VF-4	2	「レンジャー」	リーダー
VGF-29	1	「サンティー」	トーチ

「リーダー」作戦
Operation Leader

「トーチ」作戦からほぼ1年後、英本国艦隊はノルウェーのボーデに対する独海上輸送網破壊作戦の支援を実施した。「リーダー」作戦の主軸として控えたのが空母「レンジャー」と米第4航空群であった。F6F-3ヘルキャットの生産機

「トーチ」作戦へ向けて特別に採用された黄色い輪付きの国籍標識が鮮やかな、空母「レンジャー」搭載戦闘機隊。写真では36挺の12.7mm機銃が舷側に並ぶ。侵攻に先立つ数日間、54機のF4F-4すべてが順番にブローニング機銃の「くもの巣払い」、すなわち試射と調整、軸線整合を受けた。各機の主翼上には、ベルト給弾がスムーズに装塡されているかチェックしている隊付兵器係が見える。この作業は、甲板の下にいる乗員の相当数にとって不愉快な轟音を発することと疑いない。このスペクタクルを見物しようとわざわざ上がってきている連中のなかには、興味もあるがちょっぴり心配そうな戦闘機のパイロットもちらほらと見える。(via Jerry Scutts)

パイロットが乗機F4F-4のスロットルをゆっくり開きながら滑走離艦のシグナルを待ち受ける。1942年11月8日、「トーチ」作戦初日の撮影。この機体が2つ装備している58ガロン(220リッター)落下増槽は、模範的ともいえるワイルドキャットの地上での取扱性を損ねることなく、不足気味だった戦闘半径を向上させた。本機は空母「レンジャー」航空群の所属機である。(via Aerospace Publishing)

が太平洋戦域へ優先配備されていたため、第4戦闘飛行隊はまだF4F-4を使用していた。とはいえ、1943年10月4日、「レンジャー」が自艦搭載部隊を北極圏内へ発進させた時点で、チャールズ・L・ムーア少佐の率いるワイルドキャット27機は、攻撃隊の護衛と戦闘哨戒の両任務をこなすのに十分な数であった。

午前中2波の攻撃隊が出撃し、ワイルドキャット隊も両者を護衛する。迎撃する独軍機がなかったため、戦闘機隊の主な任務は対空砲火の制圧となった。ムーア機が被弾しSBD2機とTBF1機を失ったが、枢軸側の船舶7隻を首尾よく撃沈した。

同日午後、機動艦隊は西方へ移動したが、まだ敵陸上基地機の航続圏内にあった。「レンジャー」の戦闘機管制官は2個編隊のF4Fを指揮しており、レーダーの索敵地点にB・N・メイヒュー大尉の編隊を向かわせた。メイヒューとD・S・レアード少尉はユンカースJu88の「のぞき屋」を手短に片づけ、艦隊から22海里(41km)の地点で墜落させた。数分後、1機のハインケルHe115双発水上機がE・F・クレイグ小隊にからんできたが、今度も――ふたたびメイヒューとレアードも加わって――「レンジャー」から13海里(24km)の地点に海没した。ワイルドキャット1機が着艦に失敗して舷側から落下したが、搭乗員は救助されている。

この戦闘が米海軍のドイツ空軍に対する初戦果となった。そして「ディズ」・レアードはその後日本機5機撃墜を公認され、2大枢軸国から戦果をあげた海軍唯一のエースとなる。12月22日、ドルニエDo217D爆撃機の撃破が、ドイツ空軍に対するF4F最後の戦果報告となった。これはブレスト西南西500海里(930km)付近で、護衛空母CVE-13「コア」から発艦した第6混成飛行隊の1機が記録したものである。[訳注：Do217Dは型式の誤認と思われる]

対潜水艦哨戒任務
Anti-Submarine Operations

このころ、ワイルドキャットは対独戦の主要任務のなかで、充分存在意義を確立していた。対潜水艦作戦の掩護がそれだ。米海軍は1943年の初めから、当時恐れられていた「ブラックホール」――すなわち陸上飛行場から発進する哨戒機の行動圏外で輸送船団が行動する中部大西洋地域――の封鎖を開始した。

仏領モロッコでの手厳しい洗礼から1年後、再編された第29戦闘飛行隊は相変わらず大西洋上で、護衛空母「サンティー」の狭い甲板から作戦を行っていた。もっともいまの敵はドイツ海軍Uボートで、この写真を撮影した1943年11月の所属12機のF4F-4は、本戦域に特有の明瞭な3色迷彩を採用している。この「アトランティック」迷彩は上面つや消しダークガルグレイ、胴体側面つや消しインシグニアホワイト、下面グロスホワイトからなる。その後第29戦闘飛行隊はFM-2を受領し、1944年初めに太平洋方面の軽空母CVL-28「キャボット」へ配転された。(via Jerry Scutts)

8300トンのCVE-9「ボーグ」級護衛空母は、商船の船体をもとに441×81フィート(134×25m)の飛行甲板を装備し、何を基準にとってもちっぽけながら、任務へ挑むにはまず充分といった艦であった。護衛空母はTBF-1アヴェンジャーとF4F-4ワイルドキャットの混成飛行隊を運用し、Uボートを探知撃滅する「ハンターキラー」戦術の専門的訓練を受けた。「ボーグ」の第9混成飛行隊は5月22日、ハンターキラーの初戦果を記録。最終的な戦果は配備機数とくらべて劇的に高いものとなった。そして大西洋の戦いは、夏が終わるころまでに連合軍の優位へと傾いていくのである。

　たしかに、Uボートに対する戦果を護衛空母のみの功績に帰するのは、公平な見方ではないだろう。護衛艦の数的、性能的拡充、また、諜報部による情報分析もたしかに重要だった。だが、ハンターキラー隊は、その存在によって戦力以上の効果を発揮したのである。船団の付近を艦載機が飛んでいる、それだけでどれほど多くのUボート艦長が攻撃を断念したか、いまとなっては誰も知りえないことだ。

　また、対潜水艦作戦においてもっとも重要な役割をはたしたのがF4Fだった、とする考え方も正しいとはいえないだろう。ワイルドキャットはUボートの位置を示し、浮上する敵潜水艦の対空砲火を制圧、アヴェンジャーの攻撃撃沈を可能にしたことで戦闘に寄与した。しかし、1943年なかごろにデーニッツ提督が有名な応戦命令を発したのち、頑強な抵抗を見せたUボートに対し、機銃を6挺もっていたとしても、対空砲火の束から免れられる訳ではなかった。

　ドイツ潜水艦陣は20㎜、30㎜、あるいは単装、それ以上と対空機銃を林立させた。威力も充分で、大西洋戦争を通じて米海軍機を最低7機撃墜している。ドイツ潜水艦による最初の撃墜は1943年7月13日、護衛空母「コア」の捜索チームが、アゾレス諸島南700海里(1300km)で浮上中のU-487を発見したことから起こった。E・H・スティーガー中尉はワイルドキャットで先陣をきって攻撃、R・P・ウィリアムズ大尉が搭乗するTBFアヴェンジャーの前方を掃射した。TBFは魚雷4本を海中深く放ったのちに離脱し、ようすをうかがった。

　ウィリアムズは増援を要請し、潜水艦が回避しないよう足止めしようとした。再度掃射の要請を受けたスティーガーは、機銃1挺しか発射できないながらも突撃。しかし今度は対空砲手も寸分の油断なく構え、空を弾丸で埋めつくした。ワイルドキャットは機首を下げてUボートのそばに墜落した。まもなく第13混成飛行隊指揮官C・W・ブリュワー少佐の率いるF4FとTBF各2機が到着し、結局、さらに4本の魚雷によって、U-487は短いが血塗られた戦歴を閉じさせられたのだった。

　1944年2月、東海岸の混成飛行隊はF4FとFM-1からFM-2への機材更新を開始。欧州大戦終結までに同戦域の混成飛行隊13個は、すべて後期型ワイルドキャット装備となっていた。部隊の平均装備機数はFM-2 9機、TBM-1Cないし-1D 12機であった。

　終戦時、米軍のハンターキラー・グループのUボート撃沈数は54隻。このうち30隻は航空攻撃だけで沈めた。大西洋での戦いは、太平洋の航空戦のように個人的英雄こそ生まれなかったが、その計り知れない戦略的効果は証明されている。

chapter 6

東部産ワイルドキャットの戦歴
the eastern wildcat

　54名のF4Fエースに加わること4名の戦闘機搭乗員が「超ワイルドキャット」で5機以上の戦果をあげている。このFM-2は1944年から1945年を通じて護衛空母で運用され、水陸両用作戦や対潜水艦作戦の支援に使われた。そしてその汎用性ゆえに近接航空支援、艦砲射撃の着弾観測から、なりゆき次第では空戦までも立派にこなしたのである。

　1943年、グラマン社はF6Fヘルキャットの生産に専念するため、ワイルドキャットとアヴェンジャーの生産を停止した。このため、両機種の艦隊運用継続を可能とするために、ジェネラル・モーターズ社東部航空機部門（the Eastern Aircraft Division of General Mortors Corporation、以下イースタン航空機）が、両機種の生産を引き受けることになった。最初に生産されたFM-1は、ほとんどイースタン航空機製F4F-4といえる機体だったが、これに続いたのは「毛色の異なる猫」であった。

　FM-2の歴史はXF4F-8の登場から始まる。この試作型ワイルドキャットはライトR-1820エンジンを動力に垂直安定板と方向舵の高さを増し、軽量化と出力の増大を実現して1942年末に初飛行した機体であった。これを受け継いだFM-2は、イースタン航空機が大量生産方式を会得したのちの1943年9月から、ニュージャージー州リンデンで生産ラインに乗った。

　大半の護衛空母搭載飛行隊の編成は大型空母と好対照をなしていた。爆撃機と戦闘機をひとつの指揮下にたばねる混成飛行隊の典型的な編成は12機のFM-2と9機のTBM-3で、通常、部隊指揮官はアヴェンジャーに乗り、FM隊は先任の戦闘機搭乗員が指揮する。ただしごく一部の護衛空母は「インディペンデンス」級軽空母と同様の戦闘機、雷撃機個々の飛行隊からなる航空群的組織を有した。

ジェネラル・モーターズ社イースタン航空機部門は、1944年初めからFM-2の艦隊向け供給を開始した。典型的な「大西洋迷彩」を施された本機は、第13混成飛行隊所属で、同年3月当時は護衛空母CVE-64「トリポリ」に配備されていた。F4F-4より軽量化し、出力も向上したFM-2はグラマン戦闘機がそれまで2年のあいだ日本戦闘機から強いられた性能的不利から脱した。しかし、欧州戦線では1943年9月、空母「レンジャー」が1日のみ実施したノルウェーのボーデ攻撃のときにしか空戦機会がなかった。この作戦で、第4戦闘飛行隊のF4F隊がドイツ軍の隠密偵察機2機を撃墜している。(via Robert L Lawson)

太平洋戦線のFM-2
First Aerial Victory

　配備の進んだFM-2は1944年前期から実施部隊に姿を見せはじめた。この新型機最初の空戦戦果は1944年3月20日のものと推定されている。この日、護衛空母CVE-63「ミッドウェイ」がビスマーク海ニューアイルランド島北方を航行中、第63混成飛行隊のJ・H・ディニーン中尉とR・P・カーク少尉が短時間の交戦で日本陸軍三式戦闘機1機の撃墜を報告。これは同部隊の大戦を通じて唯一の戦果でもある［編注：日本側損害未確認］。

FM-2装備部隊でもっとも戦果をあげたのは、1944年末から1945年初めまで護衛空母「サヴォアイランド」から行動した第27混成飛行隊である。空戦による撃墜62機を公認され、FMによる撃墜記録上位搭乗員9名中5名を輩出した。製造番号56805の本機はグロスブルー一の大戦後期型迷彩のほか、垂直安定板に矢印の「サヴォアイランド」固有エンブレムを施している。本機は乱暴な着艦により、左主脚を折損してしまっている。1945年1月10日、部隊はフィリピン諸島北部リンガエン湾上陸部隊の直衛を開始。写真はその翌日に撮影。(via Robert L Lawson)

次の戦果は2週間後、マリアナ諸島付近で米機動部隊が作戦中に記録された。4月6日、護衛空母CVE-57「コーラルシー」搭載の第33混成飛行隊のR・N・グラスゴー中尉がサイパン沖で一式陸攻1機を撃墜。この海域は米第5艦隊が大挙マリアナ諸島に押し寄せた6月中旬に、ワイルドキャットの主戦場となった。サイパン占領へとつながるこのマリアナ沖海戦で新たに7個混成飛行隊が初戦果を記録している。

［訳注：奇遇だが、護衛空母「ミッドウェイ」と「コーラルシー」はいずれもこのあと新造大型空母へ艦名を譲って改名。「コーラルシー」は「アンツィオ」、そして「ミッドウェイ」は他ならぬ神風特攻撃沈第1号になる「サンロー」である］

フィリピン島沖の海戦
The Battle of Leyte Gylf

レイテ湾の海戦（第二次フィリピン海海戦）は1944年10月24日から翌25日の2日間にわたる乱戦であった。護衛空母の戦いがきわめて激烈だったため、FM-2が経験した空戦のなかで大戦全期間を通じてもっとも厳しいものとなった。24日、母艦機搭乗員は空戦での撃墜270機を公認され、うち65機が11個混成飛行隊の戦果だった。もっとも活躍した第3および第27混成飛行隊が各14機、続いて第26混成飛行隊が11機を撃墜している。

この日2名がワイルドキャット最後の即日エースの栄誉を得た。第3混成飛行隊のケネス・G・ヒップ大尉は20分間で九九式双発軽爆撃機5機撃墜の戦果をあげて護衛空母CVE-68「カリニンベイ」へ帰艦。部隊の僚機も9機撃墜を報告した。ハロルド・N・ファン

第26戦闘飛行隊はもっとも広範囲を転戦したと思われるワイルドキャット部隊である。1942年11月の北アフリカ侵攻ではF4Fを装備した護衛空母部隊として「シェナンゴ」で参加。1943年初め、同艦のソロモン諸島方面回航後は艦上、陸上双方から行動した。FM-2へ機材更新して戦線復帰以降の1944年4月から10月のあいだは、護衛空母「サンティー」搭載。「ファイティング26」は大戦中に合計46機撃墜を報じ、わずか4名しかいないFMエースのうちの1名を生んだ。レイテ湾海戦中の10月24日、日本機6機を海に沈めたハロルド・N・ファンク少佐が、その人である。(via Robert L Lawson)

ク少佐は護衛空母「サンティー」から二度出撃し、午前中に爆撃機4機と零戦1機、夕方に双発戦闘機月光1機の撃墜を報告［編注：護衛なしで出撃し、九九双軽爆18機を失った飛行第3戦隊の所属機と思われる］。この日第6戦闘飛行隊があげた戦果の半分以上を記録した。

マクグロウ少尉の回想
McGraw Recalls:

翌日は空戦の頻度が減り、米海軍搭乗員の合計戦果は71機、うちFM-2が37機だった。ただし海上の様相はこれとまったく異なった。25日の夜が明けると、レイテ島とサマール島のあいだ、サンベルナルディノ海峡の東端から敵の大艦隊が現れた。クリフトン・スプレイグ少将の護衛空母部隊は不意を突かれたうえ、撃ち合いでは圧倒的不利となり、命がけの戦いとなった。

「タフィ・スリー」（第77機動部隊第3集団）所属護衛空母6隻のひとつCVE-73「ガンビア・ベイ」は第10混成飛行隊を搭載していた。警報はほとんどなかった。搭乗員たちは、戦艦や巡洋艦の砲弾が艦のすぐそばで炸裂するなかをあわてて機へ飛び乗り、狂わんばかりの勢いでエンジンを始動する。そのなかのひとりが、前日の九九双軽2機を含め3機撃墜を公認されていた、20歳のジョゼフ・D・マクグロウ少尉だった。彼は回想する：

「飛行甲板うしろのすみっこにあった最後の戦闘機をめがけていって、ようやく僕のウイングマンだったリオ・ジオラに競り勝った。実際それは僕の乗機「ベイカー・シックス」なんだ。乗り込んだ僕は乗機をスタートさせたけど、前の機が全部発艦するまで待たなくちゃいけなかった。だから僕はそこに座って砲弾が上げる水柱を数えたり、そこそこ内容のあるお祈りの時間まで取ったりした。

「僕は戦闘機のなかで最後に発艦することになった。艦長のヴューイング大佐が艦を転舵させたとき、甲板左舷前方のでかい穴をよけなければと思っていた。飛行甲板士官は自分でよしと思って選んだ発艦場所まで、はるばる僕を移動させようとしていたような気がする。けど僕はさっさと加速し、道を空けろと手を振るやいなや、甲板が目の前に開けたところを発艦してやった。それで前方の穴をうまくよけられたんだ」

行き場を失ったほかの護衛空母搭乗員の多くと異なり、マクグロウは混雑するタクロバンの滑走路を避けて、他艦の飛行甲板を探した。彼は護衛空母CVE-61「マニラベイ」に着艦し、撤退する日本巡洋艦隊の攻撃を志願する。マ

1944年10月、20歳のジョゼフ・D・マクグロウ少尉は第10混成飛行隊在任中に3機を撃墜。また第80混成飛行隊でさらに2機を落とした。

1944年末、第80混成飛行隊のFM-2。長機の機番11は3色迷彩、列機は後期の全面グロスブルー迷彩と、2機が別々の塗装である。この部隊は1944年10月から1945年1月の期間中フィリピンで日本機16機を撃墜。内訳は一式戦4機、九九艦爆3機、零戦2機、二式戦2機、および零式水偵、天山、月光、九七重爆、三式戦各1機であった。もっとも戦果をあげたのはチャールズ・ガスリー少尉で2.5機、僅差でJ・L・モリッシー大尉とJ・D・マクグロウ少尉の各2機撃墜が続く。護衛空母「ガンビアベイ」沈没で第10混成飛行隊から転属してきたマクグロウは両部隊での戦果をあわせてエースとなった。
(via Robert L Lawson)

ワイルドキャットのパイロットが護衛空母「マニラベイ」艦上で、着艦の際に第80混成飛行隊のTBM-1Cアヴェンジャーに衝突したところ。「カサブランカ」級護衛空母の飛行甲板は長さわずか477フィート(145.4m)。護衛空母はおよそ空母のうちでももっとも小型なため、大型の「エセックス」級などよりよほど精密な飛行技術が求められる。なお「インデペンデンス」級軽空母の甲板は幅がさらに2フィート(0.60m)狭い。このような小さな空母から大機の気象条件の中、また、往々にして夜間でも日常的に飛び立っていた事実は、海軍搭乗員たちの高い練度を雄弁に物語っている。(via Robert L Lawson)

護衛空母「サヴォアイランド」艦上で乗機ワイルドキャットに乗り込むFM-2の最高位エース、第27混成飛行隊のラルフ・エリオット大尉。撃墜マークの上に記入された「バルディ」は、兄弟が飼っているジャーマンシェパードの名前。

六章●東部産ワイルドキャットの戦歴

クグロウは当日3回目の飛行で戦闘哨戒任務に就き、第80混成飛行隊1個小隊の第2分隊を指揮した。正確なレーダー誘導で4機のワイルドキャットは九九艦爆18機、零戦12機もの敵へまっすぐ導かれた。続く空戦で飛行性能の優秀な零戦五二型に対するFM-2の能力が示された。最初の航過で艦爆4機を炎上させたワイルドキャット隊は、引き起こして上空直掩の零戦隊と対峙した。マクグロウは回想する:

「零戦隊のリーダーは優秀で、こちらの小隊長がエンジンを撃ち抜かれて海へ落ちた(のちに救助された)。僕は急激に引き起こしすぎたので僚機とはぐれてしまったけど、おかげで降下する零戦を振り切れた。そこで上昇しようと左旋回をうち、うちの指揮官を落とした零戦隊のリーダーと列機が引き起こすところを見た。こちらが敵の列機の右上、絶好の位置だったから、そいつのエンジンと主翼付け根に充分なだけ撃ち込むと、燃えて爆発した。

「これを見た零戦の隊長は驚いたのか、それとも怒り狂ったんだろう。なぜって、そいつは僕がいままで見たこともない急旋回で向かってきたんだ。だけどこっちも相手のほうへ小さく左旋回で上昇してやったから、そいつの銃弾は僕のうしろへ外れた。このFM-2の急旋回にはきっと驚いただろうよ。あっという間によけて正面きって向かい合い、すばやく一撃をかけてエンジンに命中させたんだから。それであいつは逆上して、急激にこっちへ機を引き起こした。体当たりしようとしているのかと思ったさ。こっちも引き起こしてなんとかよけた。ぎりぎりだった。

「また急旋回して肩越しに見ると、そいつはかなり煙を噴いてもう雲のほうへ突っ込んでいくところだった。別の零戦3機が手負いのリーダーから僕を引き離そうと、こちらへ旋回してくるのも見えた。僕は旋回して海面方向へ降下しながら手近な1機を遠くから撃ったけど、尾翼にいくつか穴を空けただけだった。運良く離脱できたし、連中も自分たちの来たほうへ戻っていくのが見えて僕は満足な気分だった。

「零戦のリーダーが乗っていたのはダークグリーンの機体で、『赤いミートボール』の周りに白い輪はなかった。尾翼には白くて大きい記号と文字があって、その下に白の稲妻か斜め線のようなマーキングが尾翼を横切っていた。あいつはベテランで、旧式のワイルドキャットなどたやすく餌食にしてやるつもりだったと思う。だから驚いて、かんしゃくが押さえられなくなったんだ。ずっと性

能のいいFM-2型のことを知らなかったのはまちがいないね。あいつがどうなったか知らないけど、エンジンをやられたんだから基地まで帰り着いたとは思えないな」

暗くなってから「マニラベイ」に着艦したマクグロウは、出撃3回で11時間の飛行を記録していた。この日、第10混成飛行隊の搭乗員は合計8機撃墜を記録したが、敵艦の砲撃で沈んだ自分たちの「お子様空母」から移動したのちの初交戦の結果を含んでいた。

第27混成飛行隊
VC-27

混成飛行隊のなかでもっとも空対空戦果をあげたのは第27混成飛行隊である。1944年10月から1945年1月のあいだ、護衛空母「サヴォアイランド」搭載のワイルドキャット隊は、各種爆撃機17機を含む61.5機を撃墜した。指揮官ラルフ・エリオット大尉はこの期間中に撃墜9機を公認され、FM-2のみならず米海軍のワイルドキャット搭乗員全体の最高成績となった。第10混成飛行隊で同僚だったジョー・マクグロウが回想するエリオットは、「戦闘に入る前からタフな戦闘機パイロット」だった。

ほかにワイルドキャット・エースとして、やはり第27混成飛行隊のジョージ・H・デイヴィッドソン中尉がいる。ソロモン戦線の第21戦闘飛行隊で実戦に参加し、1943年に初戦果を記録。「サヴォアイランド」勤務時代に単独3機、協同3機の戦果を積み上げ合計4.5機とし、F4FとFMの両者を使って記録した戦果を合わせた、唯一の「複合」エースとなった。第27混成飛行隊には4.5機の撃墜を報じたものがあと3名おり、信じられないことに、護衛空母戦闘機搭乗員トップ9名のうち5名までが「サヴォアイランド」の搭乗員であった。

第27混成飛行隊の合計戦果61.5機に寄与した戦闘機搭乗員は26名いたが、TBMの銃手1名も1機撃墜を記録している。また、このうち全体の半分近くの戦果を占める27機は、上位5名による公認撃墜数である。作戦時期と戦闘機会は戦果をあげる決定的要因であり、20機以上の戦果を収めた護衛空母搭載部隊は、ほかに第26戦闘飛行隊、第81および84混成飛行隊、第1混成観測飛行隊の4個しかない。第27混成飛行隊の場合、10月末の5日間で28機撃墜を記録しており、その後も12月中旬に9機、1945年1月初めには4日間で24機の戦果を加えている。

混成観測飛行隊
Composite Observation Squadron

フィリピン、硫黄島、沖縄の各作戦中、2個のFM-2装備部隊が混成観測飛行隊としてきわめて重要な支援任務を行った。第1および第2混成観測飛行隊は艦砲射撃用弾着観測の特別訓練を受け、日中はほとんどつねに飛行を実施し、戦艦隊や巡洋艦隊へ向け陸岸の正確な目標情報を供給した。第1混成観測飛行隊は護衛空母CVE-65「ウェークアイランド」とCVE-77「マーカスアイランド」から活動し、搭乗員1名あたりの飛行時数は、ほかのどの太平洋艦隊戦闘機隊よりも多かったと思われる。また空戦の機会もあり、20機の撃墜を

本書に掲載した写真のうち、これだけはほかのものと違って50年前の撮影ではない。それでも民間団体の「コンフェデレート・エアフォース」が見事にレストアしたこのFM-2は収録の価値がある。それはこの機体が出版物でもほとんど知られていない第1混成観測飛行隊のマーキングを正確に再現しているからである。1945年初め、護衛空母「ウェークアイランド」「マーカスアイランド」両艦の甲板から作戦した本部隊は、硫黄島、沖縄侵攻の際、艦砲射撃の弾着観測を任務として奮戦、ほとんどつねに島の上を飛び回って戦艦隊や巡洋艦隊へ着弾点の情報を送り続けた。この特殊任務遂行で手一杯のはずだった第1混成観測飛行隊搭乗員は、それでも日本機20機を撃墜し、これにより部隊はFM-2装備全部隊の戦果ランキング中4位となった。

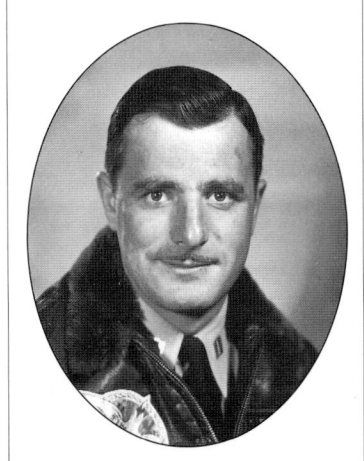

第3混成飛行隊のケネス・G・ヒップ大尉。レイテ湾海戦初日（1944年10月24日）、20分間で九九双軽爆5機を撃墜し、ワイルドキャット最後の「即日エース」となった。第26戦闘飛行隊のハロルド・N・ファンク少佐も当日の朝早くに5機を撃墜、その日遅くに6機目も落としている。

報告。同時期、護衛空母CVE-70「ファンショウベイ」の第2混成観測飛行隊も、沖縄で侵入機5機を撃墜している。もっとも、これらの部隊による最大の貢献は、沿岸で戦う海兵隊のために艦艇の砲火を呼び寄せたことにあるのはまちがいない。

風変わりな戦果
Greatest Coincidence

1945年1月12日、米海軍航空史上もっとも興味深い協同撃墜のひとつが記録された。第38機動部隊(TF38)がサイゴンなどに展開する日本およびヴィシー・フランス軍［編注：実質的に存在せず］に対する攻撃隊を出撃させているあいだ、上空直衛態勢をとる護衛空母部隊に、敵と数回の触接があった。そのひとつ、零式水偵1機を、仏印沿岸沖350海里(650km)で護衛空母CVE-74「ネヘンタベイ」のワイルドキャット2機が迎撃、第11混成飛行隊の1分隊はこの水上機を攻撃し撃墜した。特別変わったことのない状況のなかでひとつ例外的だったのは、戦果をあげた搭乗員がアルトン・Sとグラント・Lの、ふたりのドネリー中尉だったことだ。これが米海軍史上唯一、兄弟で空戦戦果を分け合った例である。しかもこれは第11混成飛行隊による大戦中唯一の撃墜戦果でもあった。

対日戦終結の日、混成飛行隊38個のFM機は432機もの空戦撃墜を公認されていた。上位成績部隊は以下の通り。

■FM-2の上位成績部隊

部隊名	搭載艦または配備地	撃墜数	備考
VC-27	護衛空母「サヴォアイランド」	61.5	+TBMで1機
VF-26	護衛空母「サンティー」	31	
VC-81	護衛空母「ナトマベイ」	21	+TBMで1機
VOC-1	護衛空母「ウェークアイランド」「マーカスアイランド」	20	
VC-84	護衛空母「マキンアイランド」	19	+TBMで1機
VC-21	護空「ナッソー」「マーカスアイランド」	18	
VC-3	護衛空母「カリニンベイ」	17	
VC-75	護衛空母「オマニイベイ」	17	
VC-93	護衛空母「シャムロックベイ」	17	
VC-5	護衛空母「キトカンベイ」	16	
VC-10	護衛空母「ガンビアベイ」／タクロバン飛行場	16	+TBMで1機
VC-80	護衛空母「マニラベイ」	16	

撃墜432機中の12％の戦果が9名の搭乗員による報告。

■FM-2搭乗員の上位撃墜記録者

氏名・階級	所属	搭乗艦(すべて護衛空母)	戦果
R・E・エリオット大尉	VC-27	「サヴォアイランド」	9
H・N・ファンク少佐	VF-26	「サンティー」	6+.50
K・G・ヒップ大尉	VC-3	「カリニンベイ」	5
J・D・マクグロウ少尉	VC-10、-80	「ガンビアベイ」「マニラベイ」	5
L・M・ファーコ大尉	VC-4、-20	「ホワイトプレーンズ」「カダシャンベイ」	5
T・S・セダカー大尉	VC-84	「マキンアイランド」	4.83
G・H・デイヴィッドソン中尉	VC-27	「サヴォアイランド」	4.50+F4Fで1
T・S・マッキー少尉	VC-27	「サヴォアイランド」	4.50
R・E・フィーファー少尉	VC-27	「サヴォアイランド」	4.50

chapter 7

英海軍航空隊
fleet air arm

英国海軍がF4Fに与えた影響には興味深いものがある。英海軍航空隊(Fleet Air Arm:FAA)は真珠湾攻撃の1年前から本機を戦線に投入しており、米海軍飛行隊の好みにあわせて生産された、英国とは対照的な兵装をもつ機体で奮戦していた。ワイルドキャットは英空母で運用した最初の本格的な近代戦闘機としてこれに代わるものがなく、英海軍航空の一大躍進を象徴するものだった。

英海軍航空の再編成
'Dark Blue vs Light Blue'

英国では戦争の差し迫る1939年まで、海上航空兵力のかなりの部分が空軍に従属していた。そして開戦の土壇場にいたって海軍は航空部隊を指揮下に統合する重要性を認識し、事態の是正へと動き出した。「ダークブルー対ライトブルー」の綱引き戦の結果、すべてを海軍に帰する合意は得られず、洋上索敵や哨戒任務は引き続き空軍の「沿岸航空軍団」(コースタル・コマンド)指揮下とされた。それでも空母搭載機部隊はただちに移管され、もはや空軍と予算を争う必要がなくなった。

1939年9月当時の英海軍航空隊の保有戦力は231機、うちソードフィッシュ艦攻が142機、ウォールラス水偵が46機だった。空母「グローリアス」がシー・グラジエーター艦戦12機を搭載していたが、高速で近代的な艦戦の必要性が差し迫っているのは明らかだった。その結果、ホーカー・ハリケーンやスーパーマリン・スピットファイアの艦上機型も登場することになったのだが、どちらも完全に満足できるものではなかった。とりわけシーファイア(スピットファイア艦載型)の場合は通常の着艦でも破損しやすかった。また艦上戦闘機として作られた複座のフェアリー・フルマーは性能が悪かった。フルマーは1940年9月に第806飛行隊で実戦投入されたが、翌月には第802飛行隊のマートレットが続くことになった。グラマンのほうがフルマーより海面高度で25ノット(46km/h)速く、高度を取ればその差は85ノット(160km/h)まで開いた。

当初英海軍航空隊が取得したマートレットⅠ85機の大口バッチから最後まで残ったうちの1機。1942年初め、スコットランドの解氷まもない駐機場で展開中。もともとフランス向けのG-36Aだったこれらは、この時点で多くが廃機か現役引退、ごく一部が英本国近辺の練習飛行隊で余命を保っていた。その一例である使い古した本機は、マートレット適格搭乗員の大量育成任務を実施した数少ない実戦訓練部隊のひとつ第795飛行隊の所属。大戦中でもこの時期は比較的数の多かったマートレットMkⅡが練習機材として好まれたが、きわめて数が少なく主翼折り畳み機構のないMkⅢ(元ギリシャ海軍用)も同任務に使われた。(via Aeroplane)

英国のワイルドキャット
Britain's Wildcat

皮肉なことに、イギリス最初のワイルドキャットをもたらすきっかけとなったのは、フランス海軍航空隊であった。輸出型のG-36AはF4F-3を基本とし、エン

ジンをプラット＆ホイットニーからライトR-1820へ換装したものである。80機が発注されたものの、1940年6月のフランス陥落前に引き渡されることはなかった。その結果、この第1次生産分を英海軍が取得し、まもなく折り畳み翼とオリジナルのR-1830エンジンを備えたG-36Bが100機追加発注された。これらのF4FはそれぞれマートレットMkⅠ、Ⅱの呼称を与えられた。

　英国の艦載機にくらべて進歩的な設計だったにもかかわらず、MkⅠの運用は限られた。フランス向けの計器類、艤装品、兵装が妨げとなったのだ。MkⅠはハットストンの第804飛行隊へ配備され、陸上基地で使われた。しかし尾輪の不具合、12.7mm機銃用に応急装備したマウントが問題となったものの、運用実績はまず充分だった。1940年のクリスマス、第804飛行隊の1小隊が本国艦隊拠点スカパ・フロー上空で、Ju88偵察爆撃機1機を迎撃。L・V・カーター大尉とパーク中尉は片側のエンジンを撃ち抜き、敵機はスカイル入り江近くの沼沢地に不時着した。マートレットが初めて戦果を記録した同じ月、米海軍では第4戦闘飛行隊が最初のF4F-3を受領した。

第802飛行隊
No. 802 Squadron

　航空母艦に配備された最初のマートレット部隊は、ジョン・ウィンツアー少佐の第802飛行隊であった。6機のMkⅡで編成されたこの小部隊は、1941年9月、「オーダシティ」に乗艦し、ジブラルタル向け大西洋船団航路へ向かった。同艦はもともと捕獲した5500トンの独汽船「ハノーファー」で、速度は14ノットしか出ないのに、運用能力の限界を無視して急遽、護衛空母へ改装されたものだった。

　ウィンツアー隊は低速の輸送船団をドイツ空軍長距離爆撃機による索敵と攻撃から守ることを第一目的としていた。しかし、ワイルドキャットは対潜作戦についても、敵潜水艦に対する前路警戒に有用であることを実証した。第1週目にUボート2隻が発見され潜航を余儀なくされた。続く9月21日、N・H・パターソンとG・R・P・フレッチャー両中尉に好機がめぐってきた。魚雷で傷ついた数隻を爆撃するフォッケウルフFw200コンドル1機へ襲いかかり、その尾部に320発もの12.7mm機銃弾を撃ち込んだのだ。面白いことに、彼らはこの爆撃機をコンドルのもとになった民間旅客機型クリアとみなしていた。同日午後、別のマートレット分隊がJu88の偵察機1機を追い払った。第802飛行隊はその有効性を実証したが、この往路の代償として船団OG74は5隻を喪失した。10月、英本国への復路では、ほとんど

折り畳み翼型ではないマートレット3機。1941年9月、某海軍写真家のため実施された公式撮影飛行の際、カメラの前で編隊を組んでいるところ。ラウンデル後方に1機は個機識別文字コード、また先頭の機体は数字の57を記入。各機尾翼直前にペイルブルーの欧州戦域表示帯を適用しているが、これは英海軍航空隊所属機の場合1941〜42年のごく短期間しか使っていないため空軍戦闘機隊のほうで見受けることの多いマーキングだ。固有の部隊表示は全然見えないが、当時マートレット訓練部隊に充当された第778、または795飛行隊のいずれかの所属であろうと思われる。(via Aeroplane)

1941年9月の公表時、本写真についたキャプションは「王立海軍にヤンキー・ファイター」。前の写真のマートレット3機が今度は横陣を組んでいるところで、カメラに向けて完璧なフォーメーションを保っている様子からして訓練生の操縦ではないようだ。(via Phill Jarrett)

何の抵抗にもあわなかった。

「オーダシティ」は10月が終わる前にふたたび洋上へと戻った。そして、ドイツ軍よりも、むしろ悪化する天候と戦うことになった。母艦の甲板は65フィート（20m）も上下に揺れ、強風と大波は飛行任務を困難から不可能へ変えてしまう。マートレット1機が嵐のなかを着艦しようとして艦外へ落ち、搭乗員が救助された。

11月8日、ウィンツアー少佐はレーダー触接目標への誘導を受け、迎撃に向かった。指揮官は2航過でフォッケウルフを発火させたが、敵は水平飛行を続けた。それどころか敵銃手のひとりから的確な射撃を受け、マートレットは墜落した。このコンドルへとどめを刺したのはハッチンソン中尉だった。同日遅く、エリック・ブラウン中尉のレッド分隊はコンドル2機を狩り出し、各個追撃。「ウィンクル」・ブラウンは厚い雲のなかで長時間交戦を続け、最後に反航戦となった。彼は敵機を撃墜した。しかし、士気はかえって萎えてしまった。敬愛する指揮官を失った代償は、たった2機の戦果なのだ。

それでもいまや「オーダシティ」はその真価を証明していた。船団OG76はまったく無傷でジブラルタルに到着、これは1941年末当時としては希有の成果だった。第802飛行隊はただちに英本土へと向きを変え、ドナルド・ギブソン少佐の指揮により、12月中旬には海上へ戻った。ワイルドキャットわずか4機で商船32隻を護衛するのである。

航海は出だしからみじめで、それも悪化の一途をたどった。出港からわずか3日目、フレッチャー中尉が浮上したUボートを攻撃したが、同艦は潜航せず交戦を選んだ。正確な37mm機銃の攻撃がマートレットに命中、機はUボート近くへ墜落してしまった。フレッチャー中尉を倒したU-131は結局護衛艦陣が撃沈した。

2日後の12月19日、レッド分隊がふたたび会敵。エリック・ブラウンは前回同様に反航戦術を繰り返して、コンドルを2機撃墜した最初の搭乗員となる。かれの列機も1機を撃破したが、これは雲に紛れて逃走した。同日午後、ジェームズ・スレイ少佐のイエロー分隊が別の爆撃機を発見。かれはブラウンの攻撃法を真似た。ぎりぎりの近距離から射撃し、最後の瞬間に引き起こしたところFw200と接触。着艦後、かれは爆撃機のエルロンの一部が尾輪に絡まっているのを見つけた。

残った3機は日中ほとんどつねに在空し、何度も会敵を報じた。だが夜は、空からの防御策がなくなり、Uボート艦長にとって狩りの独壇場であった。厄介者の空母を撃沈すべしとのデーニッツ潜水艦部隊司令官の命令は、20日から21日の夜、U-751が魚雷3本をもって達成した。人的喪失は大きく搭乗員の生存者も5名のみだった。

3カ月の戦歴期間で第802飛行隊は将来への道筋を示した。Fw200を

マートレットIIの特徴はブローニング12.7mm機銃2挺の増加もそうだが、このチャールズ・E・ブラウン撮影の秀逸な一葉が示す折り畳み翼がもっとも重要。マートレットI同様生産数は少なく100機が1940年10月以降英海軍航空隊へ供給されたが、最初のMk II 10機は主翼折り畳み機能をもたず、輸入後すぐ訓練用に格下げされた。そして残り90機のうち36機がごく少数の本国艦隊配備飛行隊へ分配、その一例が空母「イラストリアス」搭載の第881飛行隊に所属する本機である。同部隊は姉妹隊第882飛行隊と並び、1942年5月マダガスカル島ディエゴスワレスのヴィシー・フランス海軍基地を英軍が占拠した際、初めて実戦を経験した。両隊とも対地攻撃や戦闘哨戒を実施したが第881飛行隊のみが敵機を撃墜、戦果はポテーズ63-11軽爆2機、モラーヌ=ソルニエMS406戦闘機3機であった。対してマートレット1機がヴィシー・フランス機に落とされている。大戦中の英海軍航空隊でマートレットの最高戦果搭乗員C・C・トムキンソン大尉の撃墜報告2.5機は、いずれも本作戦中のもの。(via Phill Jarrett)

5機撃墜し、少なくとも10隻のUボートについて、その作戦行動を妨害したのだ。マートレットは護衛空母用戦闘機としての価値を証明し、多数の飛行隊や護衛空母があとに続くこととなる。

第805飛行隊
No. 805 Squadron

「オーダシティ」の北大西洋船団航路参加と同じ時期、もっと暑いところで別のマートレット部隊がその名を轟かせた。もと空母「フォーミダブル」搭載の第805飛行隊である。同部隊は8機のマートレットⅢ（もとギリシャ海軍用のF4F-3Aを英海軍が転用したもの）をもって、エジプトのシディ・ハネイシで空軍の指揮下で活動した。Bf109やFw190と戦火も被害もないまま戦い続け、1941年9月28日、ついに初撃墜を記録。リビア国境付近の沿岸を哨戒中のW・M・ウォルシュ中尉が、イタリアのフィアットG.50 3機と交戦し、ヨーロッパ第2の枢軸大国からマートレットとしての初戦果をあげた。

トブルクへ移動した第805飛行隊は、沿岸輸送船団航路付近でさらに多くの戦闘と直面する。12月28日、A・R・グリフィン中尉はイタリア空軍のサヴォイア・マルケッティSM.79 1機を撃墜し、その他を遁走せしめ、その魚雷攻撃を撃退した。しかしイタリア空軍機のある射手がこのマートレットに狙いを定め、海中へ撃ち落とした。1942年7月の時点でサヴォイア(SM.79)をさらに2機、Ju88 1機の戦果を加えていた部隊は北アフリカから移動し、インド洋での哨戒任務に就く。

空母部隊のマートレット
Carrier-Based Martlets

本戦域では空母部隊のマートレットも活躍している。空母「イラストリアス」搭載の第881、882飛行隊は1942年5月、マダガスカル島ディエゴスワレス占領作戦に参加。5日から7日までマートレットMkⅡをもって地上支援を行い、ヴィシー・フランス空軍の機動部隊から護った。この間に第881飛行隊はモラヌ＝ソルニエMS406戦闘機3機、ポテーズ63高速偵察爆撃機2機を撃墜。これに対する損失は陸上に不時着した1機のみだった。これで未だ英海軍航空隊のグラマンの犠牲となっていない敵枢軸航空は一ヵ国のみとなるが、この欠落分もまもなく補われようとしていた。

8月初め、ベンガル湾へ進出した「イラストリアス」と「フォーミダブル」は日本軍海上哨戒網の目にとまることになった。7日、英艦隊は川西製九七式飛行艇2機に視認された。飛行艇1機は迎撃機を巻いたが、もう1機を「トリプル・エイト」飛行隊のJ・E・スコット、C・バラード両中尉が撃墜。マートレットによる枢軸軍機撃墜のグランドスラムを達成した。

1942年5月7日、ヴィシー・フランス部隊を空から一掃した第881飛行隊のマートレットⅡ。パトロール後、空母「イラストリアス」の潮吹いた甲板上で人力をもって駐機位置へ押し下げられている。左翼の上に乗せられた車輪止めに注目。(via Aeroplane)

「これ(落下傘)を載せ忘れちゃいけませんね、サー」。1943年1月ころ、第882飛行隊はグラマン・マートレットの最終型Mk Ⅳ への機種改変を済ませ、母艦も空母「ヴィクトリアス」に変わった。(via Aeroplane)

地中海での激闘
Operation Pedestal

　同月遅く、マートレットは地中海でドイツおよびイタリア軍を相手にする。「ペデスタル」作戦において、マルタ向け船団護衛のため「イーグル」「ヴィクトリアス」「インドミタブル」の3空母が参加。このうち「インドミタブル」が第806飛行隊を搭載していた［編注：英国にとって地中海の要であるマルタ島は、このころ完全に孤立していた。そこで英国はなんとか補給を実施すべく、1942年6月に「ハープーン」船団による地中海の強行突破を実施。作戦は困難をきわめ、最終的にマルタ島へ到着できた輸送船は2隻のみだったが、マルタ島の守備隊、島民はこれで餓死を免れる。しかし、この補給は一時しのぎにすぎず、英国はふたたび船団による地中海強行突破作戦「ペデスタル」を計画。船団は8月10日にマルタ島へ向け出発した］。空中防衛の主体はシー・ハリケーンとフルマー計48機で実施されたものの、第806飛行隊のグラマン6機も12日の反復空襲で激闘を見せる。爆撃機、雷撃機100機以上と会敵し、撃墜報告30機のうちマートレットによるものはSM.79 2機、レジアーネRe2000 1機、Ju88 1機の計4機を数えた。ほかの機種12機と合わせマートレットも1機失ったが、海軍航空隊の兵力にとって大きな損害ではなかった。「ペデスタル」作戦完了までのあいだに「イーグル」がUボートにやられ、マルタまで達した商船は14隻中5隻のみだったが、これらの犠牲によって、島は航空包囲戦が終わるまで充分持ちこたえたのである。

空母「フォーミダブル」のセンターラインに沿って配置された第893飛行隊機。1943年2月、かなりの兵力を出して地中海上の哨戒へ出動せんとするところ。マートレットの各翼端には母艦の風上転針時翼面を打損しないようにするため水兵が取り付いており、機体の下では他の機付員が車輪止め撤去の指示を待ち受ける。第893飛行隊は次の作戦期間で1943年7月、連合軍のシチリア島侵攻作戦「ハスキー」の支援に従事する。（via Aeroplane）

「トーチ」作戦のマートレット
Operation Torch

　この年の戦いは11月、アルジェリア沖の「トーチ」作戦でしめくくられる。仏領モロッコに対する米海軍の作戦とは別に、マートレットを装備する英海軍空母2隻が作戦地域の東部方面で支援にあたった。インド洋へ戻っていた「フォーミダブル」はそれぞれMk Ⅱ、Ⅳ装備の第888、893飛行隊を搭載、「ヴィクトリアス」艦上の第882飛行隊もMk Ⅳ装備で、両艦のグラマンを合計すると42機あった。新型のMk Ⅳは実質的にF4F-3Aで、英海軍の好んだ機銃6挺を装備した機体である。

　戦闘は11月6日に始まった。この日、T・M・ジェラム大尉が「トリプル・エイト」の1小隊を率いブロック174の1機を追撃撃墜。2日後、第882飛行隊の1個小隊がアルジェ近郊ブリダ飛行場を占領した。この空前の快挙は、小隊長が地上の白旗に気付いて着陸したため成し遂げられた。列

ワイルドキャット／マートレットの降着装置がどのくらい「柔らかい」かがちょうど示されているところ。写真は空母「イラストリアス」の艦首から吹きつける突風で右翼をあおられて、左へ傾く第878飛行隊のMk Ⅳ。パイロットは乗組員（なんとサンダル履き）の指示で用心深く機を進め、発艦位置について飛行士官が旗を下ろせばスロットルを開いて離艦滑走へと移ることとなる。母艦が地中海方面を行動中の1944年初めに撮影。（via Aeroplane）

機が上空を旋回するなか、B・H・C・ネイション大尉は連合軍に好意的な基地司令官の降伏を受け入れる。ネイションは仰天する米軍部隊へ占領した基地を引き継ぎ、末永く語り継がれることになる手柄話を土産に「フォーミダブル」へと帰還した。

一時的な英仏間の休戦は、9日、ドイツ空軍の爆撃隊が割り込んできてぶち壊しとなった。だがこれを受けた第882飛行隊はHe111 1機の撃墜とJu88 1機の撃破を報告、第888飛行隊のジェラムも列機と協同で別のJu88を撃墜戦果に収めた。

「フォーミダブル」の第893飛行隊は「トーチ」作戦中ここまで唯一戦闘機会を得られなかったマートレット部隊だった。11日、同部隊はイタリア軍のSM.84と識別した双発機を4機編隊で迎撃し撃墜。しかしこれは悲劇だった。その後、海軍航空隊の搭乗員たちは、撃墜したのが実はジブラルタル配備の英空軍ハドソン機だったことを知るのである。

ワイルドキャットとの共同作戦
US Wildcats and British Martlets

1943年前半はマートレットの搭乗員からすれば比較的出来事のない時期だった。空母「フューリアス」が搭載する第881、890の2個飛行隊は、北海で概して実りのないパトロール任務にいそしんでいたが、ときおり仕事が持ち上がることもあった。7月のあいだに3機のBv138を撃墜した部隊は作戦地を大西洋へ戻した。このブローム・ウント・フォス製三発飛行艇はその後、マートレットがもっとも多く落とした機体となり、撃墜記録に12機が記されている。

同じころ、太平洋では米ワイルドキャットと英マートレットが同一艦上

すべてのワイルドキャット隊が広い飛行甲板から活動する贅沢を享受したわけではない。たとえば第882、898の両飛行隊は猫の額のような護衛空母「サーチャー」を住処としていた。この写真は1944年4月中旬、写真家チャールズ・E・ブラウンのため、とくに行ってみせた艦上航過。ノルウェーのフィヨルドにいる戦艦「ティルピッツ」に対する英海軍航空隊の攻撃作戦で、同艦と搭乗部隊が支援の対空砲火制圧を実施した直後の撮影。(via Aeroplane)

第898飛行隊のワイルドキャットⅣが空中で「スティング(針)フック」を引っかけて「サーチャー」艦上へ帰還する。ノルウェーのドイツ軍対空陣地に対する幾度目かの掃射任務を無事終えたところ。(via Aeroplane)

で混用されていた。米空母「サラトガ」と英空母「ヴィクトリアス」は短期間飛行甲板の相互運用を実施し、両艦搭載航空群の全戦闘機を後者へ集結したのだ。エンジンがF4F-4のプラット＆ホイットニーに対し第882、896、898各飛行隊のマートレットIVはライトだったため整備上は若干の調整が必要だった。

それでも英米混成部隊は、6月末から7月初めのニュージョージア島占領「トーネイル」作戦で共同して任務にあたる。L・H・バウアー少佐の指揮する米海軍第3戦闘飛行隊「ファイティング・スリー」は、着艦表示の手順が異なっていたものの英海軍航空隊との作戦に、まったく問題を感じていなかった。実際のところ、アメリカ人たちはむしろこの配置をよろこんでいた。それは艦上で酒を飲む習慣のある英海軍の恩恵にあずかることができたからだ。同僚たちはあるF4F-4の猛者を、彼の行為で覚えている。「サラ」の飛行甲板へメッセージをビール缶につめて投下したのだ。そう、「空き缶」に。「ヴィクトリアス」は日本機との交戦を行うことなく、8月に太平洋を去っている。

「マートレット」から「ワイルドキャット」へ
Martlets Became Wildcats

「オーダシティ」沈没から2年後の1943年12月1日、Fw200がマートレットと会敵した。護衛空母「フェンサー」はマートレットMk IVとソードフィッシュで編成された第842飛行隊を運用していた。戦闘機2機がFw200単機を攻撃して、戦果を記録。英マートレットが撃墜した6機目のコンドルであった。

同年末、新型機が到着し始めた。イースタン航空機製FM-1が、マートレットMk Vとして配備され、1944年2月12日に最初の戦闘が発生した。四発爆撃機隊の攻撃を防ぐべく護衛空母「バージャー」から第881、896両飛行隊の分隊が発艦。ジブラルタル船団を引き裂こうと無線誘導式滑空爆弾を搭載したFw200、He177の部隊を、Mk V 4機で迎撃した。これはめずらしく夜間の戦闘であって、マートレットに損失はなく1機撃墜を報じた。また搭乗員は、ドイツ側銃手が白熱するマートレットの排気管を射撃目標にしているらしい、とも報告した。

4日後、護衛空母「バイター」のMk IV隊がアイルランドから200海里（370km）近く西で、Ju290 1機撃墜を報告。伸び続けるグラマンの撃墜リストにまた1種類の多発爆撃機が加わった。W・C・ダイムズとE・S・エリクソンのニュージーランド人大尉2名は、この大型機へ1460発を撃ち込んで確実撃墜とした。そしてこのユンカースはマートレット最後の戦果と

大半のワイルドキャットがソ連向け船団の哨戒やノルウェー沿岸攻撃、地中海や極東での行動など他の地域で用いられたため、欧州侵攻用のインベイジョン・ストライプをつけた機体はあまりない。だが護衛空母「トラッカー」搭載の第846飛行隊は、ノルマンディーで起こった戦いのまっただなかにあった部隊である。主として海峡を往来し、同じ846飛行隊配備のアヴェンジャーが行う対艦船攻撃を護衛する任務を行った。主翼上方胴体に黄で「That Old Thing」の銘があるこの機体はイースタン航空機製のMk Vで、1944年6月末、イギリス南部沿岸を巡航中。
(via Aeroplane)

英海軍航空隊用ワイルドキャットVI第一次引き渡し分の1機。1944年秋の前線部隊引き渡しを控え英国内で飛行試験を実施中。米海軍のFM-2と同型のワイルドキャットVIは主として極東方面で使われたが、初めて本機種に改変したのはマートレット緒戦期の主要部隊である本国艦隊第881飛行隊だった。
(via Phil Jarrett)

なった。3月、アメリカ機につける英側呼称が米国のものと統一されたことにより、英海軍のF4FやFMも「ワイルドキャット」となったのだ。なお、英軍が運用したターポンも同様に「アヴェンジャー」に変わっている。

　身の毛もよだつ北極船団航路でもグラマン製戦闘機は長らく飛び続けていたが、まだ決定的戦闘は体験していなかった。しかし、1944年3月から4月に状況は一変する。第819、846飛行隊を搭載する護衛空母「アクティヴィティ」「トラッカー」が護衛したJW58船団は、ほぼ四六時中敵の存在にさらされた。3月30日から4月1日にかけて、ワイルドキャットMk Ⅳ隊は爆撃機6機撃墜を報告。うち3機が31日に落としたコンドルで、1941年9月にマートレットがFw200を撃墜して以来、これで合計10機となった。

　4月3日、「タングステン」作戦が実施され、英海軍空母6隻がノルウェーのフィヨルドにいるドイツ戦艦「ティルピッツ」を攻撃。護衛空母「パーシュア」と「サーチャー」がワイルドキャットⅤで貢献したが、敵機は出てこなかった。

　第819飛行隊の成功の道は続く。北方を飛行中の5月1日、「アクティヴィティ」に所属するソードフィッシュの1機を尾行していたBv138飛行艇1機に、イエロー分隊が奇襲をかけ、発艦から26分でこの索敵機を撃墜した。ラージ大尉とイーオ中尉は、これを捜索攻撃中に無線で敵の位置を示した「ストリングバッグ」［訳注：Stringbag＝編み袋。ソードフィッシュのあだな］クルーの手柄と言っている。第898、896飛行隊は5月から6月のあいだに、さらに3機のBv138を戦果に加えた。

　8月、「パーシュア」と「サーチャー」はおのおのMkⅥ、MkⅤを装備する第881、882飛行隊をもって南フランス沖に出現。この「アンヴィル＝ドラグーン」作戦は英側運用のFM-2が大舞台に現れる最初の機会となったが、任務は爆撃や対地支援に限定された。以後3カ月間さらに多くのワイルドキャットがエーゲ海で同様の任務に投入されたが、やはり空中戦の相手は存在しなかった。

■北方海域での船団護衛
JW/RA Convoy

　北方では護衛空母「カンパニア」が、2隻往路船団JW61Aを護衛していた。11月3日、第813飛行隊のリーモン大尉、バクストン中尉は370発を費やしてBv138 1機を炎上、10日後、メイチン、ディヴィーズ両中尉が2機目を仕留めた。続いて12月12日にはJW/RA（往路／復路）船団に付いた護衛空母「ナイラナ」を発艦した第815飛行隊機が、またもブローム・ウント・フォスを撃墜。視界不良でたちまち陰る日照時間のなか、ゴードン中尉は各機銃それぞれ60発で撃墜を達成した。

　1945年2月のJW/RA64船団では戦闘が繰り返された。しかし、第813、835飛行隊としては不本意な結果となった。搭載艦はまだそれぞれ「カンパニア」と「ナイラナ」だったが、「カンパニア」に1機のみフルマー夜戦が増勢されていた。ワイルドキャット隊は国籍不明機6機へ誘導されたが、撃墜を公認されたのはこのうち2機のみだった。2月6日、第813飛行隊はJu88 1機を撃墜したが、この際1機とその搭乗員を失った。原因は不明だった。10日、ふたたびユンカース3機を迎撃、グラマンの放った弾丸は4000発近くを数えたが、ドイツ軍機が高速のうえ雲をうまく使ったため、不確実撃墜（推定）1、おおむね確実撃墜1、撃破1を報告するにとどまった。第835飛行隊の射撃の名手、12月12日に敏腕を見せているD・G・ゴードンは2月20日、ふたたびそれを繰り返した。

彼とP・H・ブランコ中尉は索敵中のJu88 1機を撃墜する際、12.7mm銃弾をわずか260発しか要さなかったのだ。このとき船団の反対側でほかの分隊も別の機の不確実撃墜を記録した。

■ 最後の戦い
The Last Battle

英海軍運用のワイルドキャット最後の戦闘のひとつは全体を通しても、もっとも興味をそそるものではなかろうか。1945年3月26日、「サーチャー」の第882飛行隊はほかの空母機と合同でノルウェー沿岸地帯を攻撃するアヴェンジャー隊の護衛を実施。8機のBf109Gが曇天下攻撃をかけ、ワイルドキャットMkⅥ1機に損傷を与えて先手を打った。だが低空戦闘ではグラマンの運動性に軍配があがり、メッサーシュミット撃墜4機、撃破1機が報じられた。

欧州大戦が終わるわずか4日前、英海軍航空隊のワイルドキャットが最後の対独作戦出撃を行った。「クイーン」「サーチャー」「トラッカー」の3護衛空母からノルウェーのキルボトンに対しのべ44機の出撃を実施、船舶2隻とUボート1隻を撃沈した。ワイルドキャットが対空砲火を制圧したため、5月4日の損害は戦闘機1、アヴェンジャー1と少なく抑えられた。

日本の降伏文書調印がなされた1945年9月の時点で、英海軍航空隊は空母機1179機を擁しており、これは6年前の5倍となっていた。だが、このときまだワイルドキャットを用いていたのは、在コーチン（インド南部）の第882飛行隊だけで、「サーチャー」に24機のMkⅣを搭載する予定だった。

英海軍航空隊は空軍派遣者を含め16名のエースを生んでいるが、運用機種1タイプあたり5機以上の戦果をあげたものはほとんどいない。マートレット／ワイルドキャットの場合はC・C・トムキンソン大尉の2.5機（すべて1942年5月、第881飛行隊所属時にマダガスカル北方で撃墜したヴィシー・フランス軍機）が最高記録として残り、部隊としては第882飛行隊の7機撃墜が最大戦果となる。比較のためほかの英海軍航空隊使用機種の最高戦果を示す。

機種	氏名・階級	所属	撃墜数
フルマー	S・G・オール少佐	第806飛行隊	8.5
シー・ハリケーン	R・A・ブラブナー少佐	第801飛行隊	5
シー・グラジエーター	C・L・ケイリー=ピーチ中佐	空母「イーグル」飛行隊	3.5
コルセア	D・J・シェパード大尉	第1836飛行隊	5
スキュア	W・P・ルーシー少佐	第803飛行隊	3.33
ヘルキャット	E・T・ウィルソン中尉	第1844飛行隊	4.83
シーファイア	R・レイノルズ中尉	第894飛行隊	3.5

個人の撃墜戦果では、はっきりと引き離されているが、合計した公認戦果ではマートレット／ワイルドキャットが著しい優勢を示している。すなわち英海軍のなかで本機種の戦果と公認された機数67機を上回るのはフルマーしかないのだ。この違いに関しては、マートレット／ワイルドキャットの場合1082機が30以上の部隊で1940～45年のあいだ使われたという並外れた実績上の幅広さで説明できる。ほかの海軍使用機でこれほど長期間の戦歴を享受したものはないし、ドイツ、イタリア、ヴィシー・フランス、日本の4大枢軸航空兵力すべてから戦果を達成したものもない。

ある搭乗員の肖像
Pilot Profile

エリック・「ウィンクル」・ブラウン海軍大佐、第3級勲功章、
殊勲十字章、空軍十字章佩用者
Captain Eric 'Winkle' Brown, CBE, DSC, AFC, RN

　前述の通り、第二次大戦中の英海軍は航空戦力を船団護衛や対地攻撃に従事させてきた。これが最大の理由となって、海軍航空隊はほんの少数しかエースを生まなかった。敵機との遭遇が起きた場合は、欧州なら英空軍、インド洋や太平洋では米海軍の献身的戦闘機部隊がつねにあらゆる攻撃を制圧しようと奮闘した。このような地味な任務状況から、本項での主人公たるパイロットは公認撃墜わずか2機、および本人の信じるところ不確実撃墜（推定）1機で戦争を終えており、もしエースの条件を5機撃墜とする厳密なルールを適用するならば、本書に登場すべき戦果をあげてるとはいえない。しかし、この戦果は大戦中のマートレット最高撃墜記録をもつ搭乗員C・C・トムキンソン大尉のうしろに僅差でつけるものなのだ。

　もっとも統計というものはしばしば、ものごとの真の姿を明確化すると同じようにそれを隠してしまうこともある。エリック・「ウィンクル」・ブラウン大佐の実戦経験はその著しい好例だ。彼は日本軍の真珠湾攻撃の3カ月も前からマートレットI、IIで船団哨戒任務を実施、米海兵隊がウェーク島で撃墜を記録し始める何週間も前に撃墜を報告していた。

　ブラウンは戦前、戦争への準備が着実に行われていたとはいえ、いまだ平和な雰囲気がただよう英国のエディンバラ大学飛行隊で、グロスター・ゴーントレット複葉戦闘機を使用し、空中戦の基本を学んだ。のちに海軍航空隊の同僚の多くが前線勤務に就く以前に、充分錬度を磨くだけの時間を与えられる情勢になかったため、全般的経験不足によって大戦前期の3年間で戦死している。

　開戦時志願して海軍へ転向、まずシー・グラジエーターで飛んだのち、ファイフ地方ドニブリストルの第802飛行隊へ配属され、ここではあまり勇ましいとはいえないブラックバーン製軍用機、スキュアやロックを用いた。さいわいにこの両機種では戦闘を交えないで済み、1941年初め、部隊は英海軍航空隊初のマートレット受領部隊となる。この機体は元仏海軍のG-36Aで、同国陥落を受け3カ月後英海軍が転用したものだった。かくしてグラマン戦闘機との短期間の関わり合いが始まるのである。

　以下のインタビューは1994年8月に本書に収録するため行ったもので、マートレットを使ったブラウン大佐の記憶はワイルドキャット／マートレット史に対する英国側からの興味深い視点を供するものだ。

本格的艦上戦闘機

　「マートレットI、正しい型式名でいうならG-36、これについて私たちがまず驚いたのは、コクピットの計器がなんとメートル法のままだったってことです。それでもずいぶん感銘を受けましたよ。それを見る私たちの視点というのは、本当のところ複葉機から単葉機への橋渡しのところにありましたからね。

　「そのときまで海軍航空隊の私たちは、まったくひどいものでした。それまでに乗っていたロックなんて、戦闘機と呼べるものじゃありませんでした。シー・グ

手袋と地図をしっかり携え、護衛空母「オーダシティ」の艦尾へ向かう若き中尉エリック・「ウィンクル」・ブラウン。その先ではジブラルタル向け船団OG74上空で次の哨戒を行うべく乗機マートレットIIが用意されている。このスナップ写真は1941年10月、所属する第802飛行隊の同僚が撮影したもの。部隊は今度の作戦行でも2週間前にFw200 1機を撃墜、その存在感を見せつけていた。ここで見られるアーヴィンジャケットは、不時着の際急速に水を吸って着用者を海底の墓場へとたちまち引きずり込んでしまうとのことで、以後ブラウンも仲間も飛行時は着なくなった。とはいえパトロールへの発艦前甲板上で悪天候から身を防ぐときはやはりきわめて有効だった。
(via Capt E Brown)

ラジエーターやソードフィッシュのような複葉機も沢山ありましたが、どちらもそのころには、はるか時代遅れでした。ですから、こんな天からの授かりもののような機体が登場したのを見て私たちは大よろこびでした。

「私たちは海軍最初の護衛空母『オーダシティ』に乗艦する準備をしていたのですが、当時はその船のことなど知りませんでした。この戦時新兵器はチャーチルの天才が生んだ申し子です。もし適当な商船を手に入れて、文字通り上を削ぎ落としてそこへ飛行甲板を乗せてやれば、適当な飛行機を船団護衛に使えるだろうってことだったんです。

「大型空母はほかの任務で必要でしたから、その手の任務には割けなかったんですね。この最初の護衛空母なんですけど、実はもともとドイツのバナナ運搬船(汽船「ハノーファー」)で、西インド諸島で捕まえたものだったんです。それをイギリスへ持って帰って、船体の上に長さ423フィート(129m)の飛行甲板を付けました。格納庫はありませんから、6機(のち8機)のマートレットは甲板上に並べておく必要がありました。発艦機のために使える滑走スペースをよけておいて、その最初のパイロットが出撃するのに充分な離艦距離はわずか300フィート(93m)程度でした。

「乗艦する前、ファイフ地区で1941年の春から夏にかなりの時間をかけてマートレットMkⅠ、のちMkⅡの飛行特性の検査をみっちりやりました。このころは空軍もこの戦闘機に相当興味をもってまして、それは識別点のことと、自分たちのハリケーン(主にディグビー基地の機材)やスピットファイアとの格闘相手としてでした。マートレットはどちらが相手でも結構対応できましたし、全体としてはホーカーがちょうど好敵手でしたね。ハリケーンのしびれるような旋回率こそいっしょとはいきませんでしたが、どちらかといえばマートレットのほうが頑健でした。ただ初期上昇は良かったんですが、高度が上がるとハリケーンのほうが良くなって追いつかれました。マートレットは中高度からそれ以下で使うように作られていて、これを強調するみたいですが、誰も酸素ボンベを積んでいませんでした。

「このようなしっかりした空戦経験を積んだ私たちは、当時のドイツ空軍戦闘機隊が相手でも互角以上の勝負が十分できると思いました。連中に大打撃を与える機会が一度もなくて残念で仕方なかったんです。ですが、米海軍が零戦と戦った実績では旋回戦で対抗するのはほとんど不可能ということになりましたし、戦後Fw190を検査したときのことも照らし合わせたら、マートレットⅡでこれらの戦闘機と出会わないまま終ったのはよいことだったかもしれませんね。なじみの目標だったコンドルを相手にする上で手助けになったのは、配備前の一時期あるハリファックス爆撃機隊と戦闘機で共同作業をしたことです。この演習の第一目的は基本的に、あのような大型爆撃機へ後方攻撃をかけようとしたらどの程度の後流(スリップストリーム)で機が動揺させられるかを教えることでした」

ドイツ商船を改装した護衛空母「オーダシティ」の数少ない写真。その短い戦歴が始まる前の1941年9月に撮影。この側面写真はアイランド構造のない飛行甲板と幻惑型戦術迷彩のをよく示している。
(via Capt E Brown)

「オーダシティ」乗艦

「1941年9月に部隊は搭乗員8名と機材6機で乗艦しました。歴史的なこの航海で私たちはひとたび海の上に出ましてから、ジブラルタル向けの北大西洋船団が世界でもっとも荒い部類の海を通っていくことを思い知ったわけです。運用の上からは、理想的なんてとてもいえません。私たちの乗っていたような小さい船など、飛行甲板が壮絶に振れ回るんです。どのくらいひどかったか具体的にいいますと、あるとき私たちが計ってみたところ、艦尾が上がって落ちるまでの差が全部で65フィート（20m）もあったんです。縦だけじゃなくて横にも揺れるものですから、1941年11月初めの第2次航海のときには、作戦中に1機甲板の外へ落としてしまいました。このときは水平から8度以上傾きましたね。もちろん左右両方にです。

「とくにこのときは艦尾側がひどく持ち上がりまして、件のついてないパイロットが着艦を中止したあと、もう一度やり直して艦尾の上まで侵入してきたとき、甲板のアップスイングにたたかれたんです。まともにあたったものだから、機体は文字通り放り上げられました。さいわいマートレットにももともと装備されていた浮力装置が作動しまして、自動水圧バルブが水面に振れてすぐ翼内装備の浮力バッグが膨らんだんです。

「私たちの任務は、船団付近の常時哨戒を実施して浮上敵潜水艦を発見することでした。Uボートは船団に接近するまで襲撃行動の相当部分を浮上状態でするんです。フォッケウルフFw200コンドルはひどく煩雑に船団の位置をUボートへ転送していましたし、船団内の落伍船の爆撃も行いました。

「この期間はコンドル相手に大忙しでした。しかも、こちらも最善をつくしたのですが敵も良好な索敵報告をするばかりでなく、私たちに対して戦果まであげたのです。二度目の船団（OG76）哨戒のとき、あるFw200が私たちの指揮官ジョン・ウィンツアー少佐をたくみに撃ち落としてしまいました。敵機を炎上させたので少佐はとどめを刺したと思い込んで、状況を見届けようとそばへ近寄ったんです。そこを背部銃座がすかさず撃ち落としたんですね」

初撃墜

「1941年11月8日のことです。私はこの機種での初交戦のとき、コンドルに対して偶然最高の攻撃位置を占めたんです。もっとも本当をいいますと、この交戦に入る前からこの接近法のことをずっと考えていました。実際、艦の搭乗員室で正面攻撃の話し合いまでしていたんですよ。うっかり忘れてましたけどね。というのは、最初から正面に向かって誘導されなかったときでも、私たちがFw200に追いつくだけの速度的優位をもっているんだという当然のことを、それまで少しも考えてなかったんです。私は、前部上面銃座が一定角度より下まで銃口を下げられない、同じように下面の吊下銃座も死角をカバーするほど銃口を上げられないと信じてました。ですからこの前方の間隙範囲からなら、たいそう無難に接敵を行えると予想できたわけです。

「教科書通りの側面攻撃や斜めうし

実に奇妙なこの写真はブラウン大佐本人のスクラップブックから拝借したもので、1941年9月の示威抑止任務中どちらかというと尋常でないやり方で編隊を指揮する彼の様子。撮影者はアゾレス諸島〜ポルトガルのリスボン間定期旅客飛行を行っていたパン・アメリカン社のボーイング314「デキシークリッパー」号の操縦士。このころアメリカはまだ中立国であり、英第802飛行隊の3機に迎撃された飛行艇長はたいそう立腹して、自分で写した写真をリスボンのアメリカ大使館へ送付。同館がこれをロンドン領事館へ転送した。物件は結局ここから英海軍省に至り、若かりしブラウン中尉の所属隊長は、彼をきつくしかるよう申しつけられたのである。ボスが皮肉めいて曰く「任務を充分遂行したつもりだろうが集中の仕方に難あり」。かくして「ウィンクル」は3カ月間階級の先任権を取り上げられた。ちなみにこのときのパトロールで彼の同僚は、右翼グラハム・「フレッチ」・フレッチャー中尉、左翼バーティー・ウィリアムズ中尉。(via Capt E Brown)

ろからの攻撃を懸命にやりましたが、右内側エンジンを発火させた程度でろくな効果を与えられませんでした。そこでいらいらしたあげく、その攻撃法に訴えるしかなくなってしまったのですが、敵を雲のなかへ見失いました。このパイロットは私たちが交戦した大抵のコンドル搭乗員と同じで、やはり私が攻撃をかけるたびにこちらへ向き直る彼らご愛用の戦術に訴えました。私は正面航過をするんですが、コンドルは射手が狙いを付けるのに安定した飛行姿勢となるよう、方位や高度をまっすぐ保ったままこちらへ飛んでくるんです。

「何分か経って、私たちはとうとう雲の外へ出ました。何と正面を向き合った状態ではありませんか。私は敵機の前方射界へずれ込まないよう注意しながら、できるだけフラットな軌道で接近しました。マートレットMkⅡには12.7mm機銃が6挺ありますが、それをかなりの弾数ぶちまけました。そしてコンドルに接近したとき、私の前でその風防が飛び散るのが本当に見えたんです。この機銃は私たちが以前使っていたものより断然口径が大きくて、私たちにとっては天与の贈物でした」

船団哨戒

「私たちの船団哨戒は普通2機1組、高度1000フィート（300m）、速度150ノット（280km/h）付近で実施していました。戦闘が起こりそうなときしか無線は使いません。陸上基地から800海里（1500km）もはなれた海上を単発機で飛んでいた私たちは、マートレットにはずいぶん自身をもっていました。もし悪くして母艦からある程度離れたところで不時着水でもしようものなら、水上艦艇が船団から分派されて救助に来る可能性などありそうになかったですから。

「私たちは船団から見えるところで一方が時計回り、もう一方が反時計回りに回ってパトロールするようにしていました。無線での会話はまったく許されていませんでした。もちろん、たとえばUボートが船団への接敵行動を行っているところを発見したときのように緊急の場合は別ですが。ですから、まったく黙り込んだまま大きな円を描いて飛び回るだけというのはずいぶん妙な存在でしたね。この時期乗っていたマートレットⅡはきわめてスムーズなツイン・ワスプ星型エンジンを使っていて、これが順調に動いていれば信頼感を高める猫ののど鳴らしのような音を出すんです。

「『オーダシティ』は船団護衛任務を3航海半行っただけで、1941年12月20/21日の晩、復路船団のHG76のときU-751にやられてしまいました。この期間全体で私はコンドルを3回迎撃し、2機を撃墜、もう1機を雲中へ取り逃がしました。母艦に乗っているときはいつも天候不良で、ほとんどすべての迎撃で毎度の厚い雲のカバーがドイツ軍機のクルーを助けていましたね」

哨戒任務の実際

「第802飛行隊の戦歴をざっと見通しますと、私たちが実施した最初の船団哨戒では3個分隊（各2機）いずれもが最低1回の会敵を経験しており、2回目の4個分隊もすべてドイツ軍機と刃を交えました。味方に撃たれるなんて変なこともありまして、相手はいつも沿岸航空軍団のサンダーランドやリベレーターⅠでした。迎撃のためスクランブル発進したらリスボン～アゾレス航路を飛んでいる民間のボーイング・クリッパー飛行艇だったこともありました。この鈍速機と最初接触するのはいつも『オーダシティ』のレーダーで、輝点として拾われますからこの段階では機種まで確認できないわけです。

「哨戒機はつねに船団に近寄ってくるあらゆる触接物を調査するため送り出されるのですが、そのはか甲板には即時待機のマートレットを2機準備してい

嵐の前の静けさ。護衛空母「オーダシティ」がOG74船団に加入する直前、配属間もない第802飛行隊の中尉連中と兵器係2名がカメラに向かってポーズをとる。コクピットに座るノリス・「パット」・パターソンと「フレッチ」・フレッチャー（写真内無帽の人物）は任務行動中の1941年9月21日、ドイツ第40爆撃航空団（KG40）のFw200 1機を撃墜し部隊初戦果を分けた。フレッチャーは「オーダシティ」第2次航海のときドイツ潜水艦「U-131」の対空機銃で戦死、のこる2名（左「シービー」・ラム、右「バーティー」・ウィリアムズ）ものちの戦いで戦死した。(via Capt E Brown)

て、搭乗員はそれに乗っておくんです。次のペアはスタンバイしておきます。部隊は飛行機6機に対して搭乗員4個ペアをもっていて、最後のペアは5分前待機組となります。ここでパトロールを実施したり揺れる甲板で長時間警戒待機したあとの頭休めができるわけです。

「警戒待機中の機体は30分ごとに短時間エンジンを回して温めておきます。それで発艦の指示が来たらすぐ慣性始動スイッチをいれて、艦が風上へ転舵したところで飛び立てば良いようになっているんです。まだ風上への転舵中に発艦したこともありました。そのときフラップを使うんですが、マートレットはフラップの位置が「上げ」か「下げ」だけで中間が無いんです。そこで私たちはドア止めのくさびのような小さい木片をはさんで可動面を改良しました。機体が甲板で遊んでいるあいだにフラップを全開し、それをはさんでから閉めると20度の角度が付きまして、これで発艦後の上昇がずいぶん助かりました。上がってしまってからまたフラップを開けばブロックは簡単に落ちていくというあんばいですよ。

「離艦直後のマートレットは主脚を手動で収納しなければならなかったのでずいぶん重労働でした。ハンドルを29回まわすんですが、無線ヘルメットのコードをハンドルへ巻き付けないように注意する必要がありました。あるパイロットがスコットランドにマートレットIがきて何週間かしか経たないうちに機体を壊してるんですが、そのとき彼は紐が絡んで頭をコクピットへ打ち付けて怪我をしたんです」

整備員の奮闘

「艦上の整備係はマートレットについて奇跡的な仕事をしました。あらゆる調整作業を吹きさらしの飛行甲板で、いつも夜間にやらなくてはならなかったんですから。この連中はいつも水をかぶって上下している甲板で足場を保つだけでも必死でしたし、Uボートに探知されないよう夜間でも光を出すことを許されていませんでしたから、青い紙を被せた懐中電灯で作業していました。それさえ待避所かコクピットのなかにいるときしか点けてはいけないことになっていたんです。こんな厳しい条件のなかでも、彼らは仕事に全幅の献身をしていて少しも文句を言いませんでした。第802飛行隊の本当の英雄はこの人たちですよ。

「整備係にとって重労働の保守作業を最小限しか行わせないような天気でしたが、さいわい私たちは、しょっちゅうマートレットをひん曲げたりはしませんでした。一番の理由は見事な着艦性能で、それを助けたのが母艦の装備していた自動センタリング式着艦ワイヤーです。主脚もかなり柔軟性があって、降下速度が高くてもリバウンドを起こさないで緩衝できました。着艦アプローチの

愛機マートレットIIで縛帯をしっかり締め、揺れる「オーダシティ」の甲板上でスクランブルの声を待つブラウン中尉。上空で常時哨戒機の爆音が延々なっているうちは、この酷使されたマートレットの湿気た空気のなかに納まる時間が果てしなく続く。(via Capt E Brown)

とき前方の空母がたいへん見やすいのも良かったですし、失速特性に悪癖がなかったのでリカバリーのあいだもあまり心配しないで低速で正しい降下をさせることができました。1941年末の時点でこの機体をあつかって、その仕事を酷評されたことは全然ありませんでした」

すぐれた艦載機

「アメリカ側から私たちの機体についてどんな情報を得たかといいますと、わたしがマートレットを使った期間中には、地上基地で運用の場合の離陸時に機体が振れる問題をグラマン社がベスペイジで解決しようとしていたことぐらいが、唯一得た話でした。米海軍部隊からの実戦評価や報告は私の知る限り来たことがありません。製造者は彼らがソリッド式の尾輪を、空気式で長めのオレオをつけたものと換装する計画をもっていることを知らせてきました。反対に私たちはロンドンの米大使館を通じて、12.7mm機銃が実戦でどのように働いているかを向こうの海軍が大変聞きたがっていることを知りました。頻繁に故障しているのではないか、もしそうなら手動操作で直せているのかといったことです。私たちはスコットランドではグラマンからの技術者や代表者など見たことがなかったですよ。

「アメリカ側には私たちが機銃弾の散布範囲、そして機体の顕著な安定性を通して得られた射撃の正確さに感銘を受けたとする報告を返しました。どちらかといえば、マートレットは戦闘機としては安定性がありすぎるぐらいでした。それと照準器が秀逸だったので、私たちの射撃成績は相当満足いくものでした。故障もありましたが、それほど大したことはありませんでした。

「マートレットは実に空母での運用に適合した機体でした。F4FやFM-2に乗ってこの機体のことを悪く言うパイロットには未だあったことがありません。この手の飛行機のことを話すときよく忘れられるのが、すぐれた着艦性能をもつ機に乗っているパイロットが得られる平常心のことです。出撃すると戦闘でストレスがかかりますが、陸上からの作戦の場合、このクライマックスが過ぎれば誰もがしなければならないのは自分を基地へ帰着させることだけです。しかし海軍航空の場合はまず母艦を見つける必要があります。それも方位がわかることなどめったになく、完全な無線封鎖のなかでほとんどの操縦を単純な洋上推測航法で行わなければなりません。ひとたび発見できたところで、戻るべき艦はたいていひどくピッチングやローリングをしていることのほうが多いのです。ですから1回飛行するとそれぞれ猛烈なストレスのかかる時間帯が3回もあったんです」

英海軍航空隊が戦時中実施した作戦としてはあまり知られていないが、1944年8月「アンヴィル=ドラグーン」作戦の一角として連合軍の大部隊が南仏へ侵攻した際、ワイルドキャット2個飛行隊が支援を行った。敵機の反撃にはあわなかったが、写真の第881飛行隊所属マートレットVは250ポンド（113.5kg）爆弾を装備して対地攻撃任務を数多くこなし、その存在を知らしめた。このあわただしい雰囲気の写真のワイルドキャットは護衛空母「パーシュア」艦上で、内翼パイロンに爆弾を装着し次波攻撃の準備を終えている。中央のパイロットの頭部直後に、雌ウサギをかたどった英海軍航空隊としてはめずらしいノーズアートの一例がある。(via Aeroplane)

chapter 8 訓練
training

　軍事航空には常々魅惑的な空気が取り巻いているものだが、パイロットのしるしを得るまでの道のりは決して楽なものではない。訓練マニュアルに示してある言葉はこの感覚をもっともよく示しているのではなかろうか。
　「海軍航空はスポーツにあらず。科学的職務なり」
　海軍航空の必要性は1941年、戦争への脅威が増すにつれ劇的に高まり、多くの操縦員、各種搭乗員、整備員、その他支援要員を確保配備すべく努力がなされた。要求増大を受けて譲歩も行われたが、なお高い基準が維持適用され、搭乗員の3名に1名は飛行訓練を修了できずはじかれていった。
　戦時中細目はかなり変更されているが、艦隊配備部隊の搭乗員は真珠湾攻撃当時すでにフロリダ州ペンサコラ海軍基地で1年間の過酷な養成過程を生き残っていたのである。ここでの練習生は5段階の航空隊を通って進み、最初は海軍航空工廠製N3N水上機、続いてN3Nの、陸上型またはボーイング=ステアマンN2Sに乗る。そしてこの飛行訓練生(Aviation Cadets：AvCads)はノースアメリカンSNJを卒業するとコンソリデーテッドPBYなどの水上機、最後はボーイングF4Bなどの旧式戦闘機へと進む。卒業し、海軍／海兵隊少尉任官の時点で新人搭乗員は300時間以上もの飛行時数を積んでいるのだ。
　空母搭乗員資格訓練隊(Carrier Qualification Training Unit：CQTU)が1942年イリノイ州グレンヴュー海軍基地で開隊するまでは、戦闘機隊に配備された搭乗員は所属艦隊飛行隊で自分たちの仕事を学んでいた。戦前の戦闘機搭乗員は単機空戦法(Individual Battle Practice：IBP)の指導も受けており、より経験を積んだものの手ほどきで空中戦を学んだ。
　自信過剰の若手を一段、二段叩き下ろす必要もたまにはある。古株のなかには屈辱的とも思われるやり方でそれをするものもいた。空戦しながらリンゴを食べたり、ひどい者ではなんと新聞を読んでみせたりしたのだ。当時もいまも空戦能力の上達は練習経験次第である。空中射撃時の適切な射点を学ぶのもしかりだった。駆け出し戦闘機搭乗員のだれもが狙ったのは「エキスパート」の称号で、これを得ると自分の割り当て機材へ射撃熟練者をあらわす頭文字「E」を書き込む権利がもらえたのだ。

中高度を巡航するかなりルーズなF4F-4の編隊。所属不明だが、少なくとも一例、ジョー・フォスがガダルカナルで使っていたF4F-4がカリフォルニア州モハーヴィ配備の部隊へ引き渡されたとの噂がある。同地で訓練を受けた新人搭乗員の回想で、くたびれたワイルドキャットにフラッグが20個かそれ以上付いていたためだが、これはパイロット数名分のものであった可能性がもっとも高い。(via Phill Jarrett)

左頁●海軍の数少ないF4F-4残存機は1943年末ころ本国の第二線訓練部隊へ下げ渡され、そのいずれより高性能のFM-2で実戦に出る次世代のワイルドキャット搭乗員によって使われた(ないしこき使われた)。本写真の機体はいずれも相応の大判訓練用コードのほか、短期間(正確には1943年7〜10月)使われた「星に横棒」への赤縁を付けている。鮮明な写りは1943年10月26日付米海軍報道関係向公表写真のため。(via Aeroplane)

同じころ、サンディエゴのノースアイランド海軍基地で「修了錬成学校」が設立されていた。空母錬成航空群は、1941年夏から熟練教員を基幹要員として母艦飛行法の基礎を教え始めた。ただし隊名は上記の通りながら発着艦以外のことにも関わっており、戦闘機搭乗員に対しては空中射撃を含む戦術教練もカリキュラムの一部としていた。

真珠湾攻撃以後大型空母がすべて実戦投入されたため、訓練用として使えるのはごく少数の護衛空母のみとなってしまった。加えて冬に入るころからは五大湖での教練も不可能となってしまったため、空母搭乗員資格訓練隊は春までサンディエゴへ移動した。その後ミシガン湖での空母作業訓練のため遊覧船を改装した2隻(雑役船籍)、IX64「ウォルヴェリン」とIX81「セイブル」がそれぞれ1942年8月と1943年4月に就役。若手母艦搭乗員たちは練習機SNJか艦隊用のF4F、SBD、TBFで8回着艦を行って適格とされた。

英海軍航空隊は1939年に空軍から独立してはいたものの、訓練はなおも大戦の相当期間を通じて空軍へ著しく頼っていた。英連邦航空訓練計画(The Commonwealth Air Training Plan)から英国内のみならずカナダ、オーストラリア、インド、南アフリカでも多数の搭乗員が養成されたが、米ペンサコラ海軍基地で資格を得た英海軍搭乗員もいた。英空軍の訓練学校で及第したものは海軍の訓練部隊へ行き、海軍特有の各種手順を指導されるかたちとなっており、空母での運用法ももちろんそのなかに含まれた。

統率力は軍隊の業務のなかでつねに決定的要素となるものであり、F4F装備部隊が直面するどんな能力面の不具合も、指揮官が充分その埋め合わせをなした。1942年中太平洋戦線でワイルドキャットを使った20個近い海軍、海兵隊飛行部隊はほぼおしなべて高い水準のリーダーシップにあずかっていたが、大半はアナポリスで訓練され、相当の飛行経験をもったプロの士官たちであった。

彼らの多くは歴史上よく知られている。もっとも知名度の高いところでは米海軍第3戦闘飛行隊のジョン・S・サッチ、第10戦闘飛行隊のジェームズ・H・フラットレー・ジュニア、第223海兵戦闘飛行隊のジョン・L・スミス、第224戦闘飛行隊のロバート・E・ゲイラー、第212海兵戦闘飛行隊のハロルド・W・バウアーがおり、このほかに第2戦闘飛行隊のポール・H・ラムゼイ、第5戦闘飛行隊のルロイ・C・シンプラー・ジュニア、第6戦闘飛行隊のルイス・H・バウアー、第42戦闘飛行隊のチャールズ・R・フェントン、第121戦闘飛行隊のリオナード・K・デイヴィスも有力かつ士気旺盛な部隊を造り出した。そのやり方は千差万別だった。徹底的職人気質のフラットレーから冷徹な振舞のスミスまで、はでなラムゼイから物静かなゲイラーまでさまざまだ。そして高い戦果をあげた戦闘機隊の指揮官は、ほとんどの場合天性の教育者でもあった。「ジミー」・サッチ、「ジム」・フラットレー、「インディアン・ジョー」・バウアーが好例である。

もっとも、個性や物事のやり方はさまざまだったが、彼らは全員がひとつの共通した特色をもっていた。率先して出撃する指揮という古来からの兵法を支持していたのだ。部隊のなかで最高のパイロットだったものはわずかしかいないが、ほぼ全員が自らの用いうる智力を効果的に使いこなした。さらに、最良の指揮官たちはもうひとつ別の性格を共有していた。彼らは部下たちの面倒を空中でも地上でもよく見たのだ。それから50年たった現在でも、賢明な指揮官たちはこの例に倣っている。

chapter 9
戦果判定と機体の評価
victory credits and wildcat evaluation

　太平洋戦争開戦当時、米海軍部内には空中戦果を査定認証する書式基準がなかった。しかし1942年初め、空戦の頻度が高まりつつある状況下でこの種の書式の採用が求められ、各航空部隊では独自の空戦報告書を作成した。それらはおおむねカーボン複写式の用紙で、標準的な各種質問と詳細を記入する空欄からなっていた。
　空中戦果の判定は通例部隊レベルで実施され、陸軍航空隊のようなうんざりする査定会議とは異なるかたちをとっていた。海軍ではおもに、空母かあるいは遠隔地の飛行場から活動するというF4F部隊の物理的な環境のなかで、口述報告を採用していた。したがって戦果報告の大半は額面どおりに受け入れられ、搭乗員の勤務簿にもそのまま記入された。しかしミッドウェイ海戦のころ、一部海軍戦闘飛行隊で緒戦の戦果に対する部内チェックが始まった。この海戦の際、3個F4F部隊が撃墜45機を報告したが、実際には29機で報告の3分の2だった。
　この比率は戦史上の平均にも当てはまる。通常太平洋方面の航空兵力の場合、最低でも内容の3分の1が過大報告である傾向がある。つまり一般論としては、3機認定されればおそらく敵機2機が落ちていることになるわけだ。ただし各隊ごとの戦果を吟味すると報告戦果が経験次第で正確性を増すことが示される。F4F部隊の場合この傾向がもっとも顕著なのはガダルカナルの海兵隊で、初期の報告はたいていかなり的外れだが、搭乗員たちが比較の手段とするため撃墜が確実であることをよく見届けたことから誤報は減少していった。だがガダルカナルの状況は記録の精密化にとって都合が悪かった。紙自体が不足していたうえ、そんなことするには関係者全員の疲労度が増し過ぎていた。多くの部隊の戦史や報告書が島を離れてから作成されたことも付け加えておこう。
　1942年の戦果認定について、なお大部分を説明しきれていないひとつの面がある。しばしば見られる「アシスト」の認定がそれだ。この定義は個別の部隊でそれぞれの意味をもっていたようで、あるところでは敵1機撃墜に2名以上の搭乗員が貢献した際に公認戦果として分け与えられ、またあるところでは戦果をあげた空戦のなかでその搭乗員が撃墜の過程で部分的に貢献したことを示すだけといった具合だった。アシストの定義は1942年末ころ廃れ、分割公認戦果にとって代わられたものと見られる。
　アメリカの戦果報告に散見される程度の不正確さは、大抵の場合決して敵対国のそれほど大きく肥大したものではない。日本海軍は首尾一貫して上層部の命令のもとで過剰報告をしており、この点について歴史家が結論づけたところでは、組織的楽天主義が日本海軍戦闘機隊に普及していたというのである。ある零戦が連合軍機を撃てば、その目標が少なくとも不確実撃墜には

なるものと見なされていたのは明らかだ［編注：時期や戦域によってちがいはあるが、日本海軍の撃墜判定の平均値が米軍より甘かったとはいえず、水増し度に大差はない］。

　もっとも知られている例に含まれると思われるのが、6月4日朝の107機をもってするミッドウェイ空襲であろう。零戦はF2A、F4F2 5機と交戦し、30分で15機を撃墜した。ところが、母艦へ戻った零戦搭乗員たちは撃墜確実40機、不確実多数（F4Fは全機）と報告したのだ。反面、海兵隊側の認定撃墜は11機、対する実際の日本側損失は10機だった。ただし対空砲火も敵機数機を落としている事実があり、おのおのへどう公認撃墜数を配分するかは難しい。

　つまるところ、「スコア」すなわち空戦による撃墜報告の数よりも、生じた結果こそが大切である。もっともおおざっぱに数えるなら、撃墜だろうが撃破だろうがその敵機がふたたび出撃できないことが最高に有効なのだ。1942年、珊瑚海海戦以降は両軍とも徹底的航空優位を得ることなど滅多になかった。しかし海軍と海兵隊のF4F部隊が得た戦果は次第に航空優勢をアメリカ優位へと振り動かしていった。そしてその戦果は大日本帝国にとって長期的に見て取り返しのつかないものだったのである。

　対日戦終結までに米軍部隊で認定されたワイルドキャットの空戦スコアは合計1514.5機。機体の形式と所属で以下の通り分類できる。

米海兵隊F4F（11個飛行隊）　　　撃墜562機
米海軍F4F（28個飛行隊）　　　　撃墜520.5機
米海軍FM（38個飛行隊）　　　　撃墜432機

戦果を認定された76個ワイルドキャット装備部隊中上位15は以下の通りである。

部隊名	配備地または搭載艦	撃墜数
VMF-121	ソロモン諸島	160
VMF-223	ソロモン諸島	133.5（派遣者22.5）
VF-5	空母「サラトガ」／ソロモン諸島	79
VGF-11/VF-21	ソロモン諸島	69
VC-27	護衛空母「サヴォアイランド」	61.5
VMF-224	ソロモン諸島	61.5（派遣者6.5）
VMF-112	ソロモン諸島	61
VMF-212	ソロモン諸島	57
VF-11	ソロモン諸島	55
VF-3	空母「レキシントン」「ヨークタウン」	50.5（一部VF-42として）
VGF/VF-26	護衛空母「サンガモン」／ソロモン諸島／護衛空母「サンティー」	46
VF-72	空母「ホーネット」／ソロモン諸島	44
VF-10	空母「エンタープライズ」／ソロモン諸島	43
VMO-251	ソロモン諸島	33
VMF-221	ソロモン諸島	30

　本機種装備部隊すべてのなかでも興味深いのは第26戦闘飛行隊である。護衛空母「サンガモン」搭載の第26護衛空母戦闘飛行隊に始まり「トーチ」作戦でヴィシー政府軍機4機撃墜を報告。第26戦闘飛行隊と改名後、1943年に太平洋へ送られ、ソロモン諸島での地上基地配備期間中11機の戦果を上積みした。最後は混成飛行隊として機能しつつ1944年当時護衛空母「サンティー」でFM-2を運用。同艦に納まった部隊はフィリピン戦線を主体として31

機の撃墜戦果をあげ、全護衛空母搭載部隊中2番目につけた。3年間もワイルドキャットを使い枢軸軍へ打撃を与え続けた部隊は類を見ない。

F4FとFM-2の評価
F4F/FM-2 Evaluated

 ミッドウェイ海戦後、ジョン・サッチ少佐は「戦闘機のみが空母を生存させ続け得る」と言った。空母航空群構成部隊のなかでF4Fの数は着実に増加しており、戦闘機の重要性が高まりつつあったことはサッチの評価でも証明されている。真珠湾攻撃当時の各空母戦闘機隊保有戦力はそれぞれ18機。ミッドウェイのころは27機だから6カ月で50％の増加である。ガダルカナル作戦開始の時点で各空母は編制上36機を有した。この傾向は大戦が進んで日本本土へと近づいていくなかひたすら進展していくこととなり、1945年、新世代の「エセックス」級空母は夜間戦闘機や写真偵察機の支隊も含めヘルキャットかコルセアをなんと73機も搭載していた。

 性能面の欠点がなんだろうと、F4Fには秀逸な利点があった。すなわち、入手できること自体がそれだ。1942年夏の決定的時期、F6Fは実戦配備までまだ丸1年、F4Uのガダルカナル到着まで6カ月以上あった。この点でワイルドキャットは陸軍航空隊のP-40に対応する海軍機となる。もっともその損耗はほぼ製造数に匹敵した。この年7月から11月、太平洋艦隊の空母戦闘機部隊はごくわずかの偵察型F4F-7を含み本機種197機を受領、各種原因で115機、58％を損失し、残存機の少数はロングアイランドへ戻された。グラマン社はほぼ3交代の昼夜操業を行った。

 ワイルドキャットがヘルキャットやコルセアと対照的だったのは、航続力と搭載量という指揮レベルから見れば好ましいふたつの特性が欠けていた点だ。とくに前者は戦域が大戦でもっとも広かった分重要であり、海軍や海兵隊の空襲作戦がF4Fの行動半径を超えて行われる場合が多々あった。護衛のないのSBDやTBF搭乗員たちはしばしば単独で敵戦闘機と向かい合わなくてはならなかったのであり、このような作戦のほとんどで成果があがった事実は彼らの練度や献身を証明するものなのだ。

FM-2は、増強著しい米海軍護衛空母部隊の木製甲板から行動した、究極のワイルドキャットであった。本型の前線部隊引き渡し前に実施された加速性能試験の一環として、初期生産型の本機はパタクセント・リヴァー海軍基地実験部で性能審査を実施。所属部隊名がコクピット直下に小さくステンシル記入されている。また国籍表示星と横棒の赤縁からも本写真の撮影が1943年7月であることがわかる。機種と尾翼に書きなぐられた数字の8は本機が航海に出たとき艦内駐機位置を示すためとくに記入したもの。(via Phill Jarrett)

 場面次第では爆弾やロケット弾を使うこともあったが、ワイルドキャット自身が正真正銘の地上攻撃をこなすよう求められることは滅多になかった。大型空母でも護衛空母でも、こうした任務には他機種(とりわけTBF/TBMアヴェンジャー)が従事したからだ。もちろん以後の戦闘機ほど多芸ではなかったわけだが、本機種の微々たる攻撃能力が顕著な欠点とされるようなことはほとんどなかった。

 F4FとFM(都合は劣るが)が最高の使われ方をしたのが防空任務である点を疑う余地はない。空母やガダルカナル島で使われたワイルドキャットは、水平

爆撃機、急降下爆撃機、雷撃機といった日本側攻撃兵力の効果を阻止、ないし限定する目的に対しもっとも効果的な運用がなされた。当然ながらエースたちにとって最良の出撃は対爆撃機戦であり、とくに愛知製九九艦爆が相手のときだった。F4Fの即日エース8名中オヘア、ヴェイタザ、レン、スウェットの場合が対爆撃機戦果で、FMのヒップ、ファンクも同様である。

海軍は組織として戦闘機搭乗員個人が注目されることをあまり好まなかったが、周知となったものも若干いる。F4F／FMのエースは海軍から25名、海兵隊から34名出ており、うち8名が戦死した。ブッチ・オヘアは唯一議会名誉勲章を授かった空母搭載のF4F搭乗員だが、ガダルカナルに配備された海兵隊は多数の表彰を受けた。スミス、ゲイラー、バウアー、フォスはいずれも1942年の戦闘で議会名誉勲章を授与、またドブランとスウェットは1943年初めの記録を認められた。終戦後追贈されたウェーク島のエルロド少佐をあわせると8名のF4F搭乗員がアメリカ最高の軍事勲章を受けており、戦時中米軍全体で単発機としては最多の受勲搭乗員を出したのである。

英国海軍省は本機種の航続距離や攻撃力の制約について、米海軍航空局（US Navy Bureau of Aeronautics）ほど関心をはらわなかった。前に記した通り英海軍にとってワイルドキャット最大の魅力は相応の性能と堅牢な作りだった。最初から空母搭載機として設計された単座戦闘機を本機種以外もたない英海軍航空隊はマートレットを歓迎してあまりあるほどだったのだ。また、このころ大半の英国製空母機はブースターで機をはじき出す「テイルアップ（tail up＝尾部上げ）」方式のため架台を要しており、米式のカタパルト発艦「テイルダウン（tail down：尾部下げ）」は飛行甲板クルーからも評価されていた。

武装
Weapons

機銃は戦闘機の命といわれている。ワイルドキャットの場合この命にあたるのは、おそらく戦時中最良の航空機用兵装であろう優秀品、ブローニングM2 12.7mm機関銃である。

F4F-3／3Aシリーズはこの12.7mm機銃を4挺装備し、装弾数は各銃450発、合計1800発だった。しかし1941年末、折り畳み翼型F4F-4の登場を機に米軍標準の6銃装備を採用。この兵装「改善」は当時マートレットMk Ⅳ 220機の発注を実施していた英海軍が働きかけたものであるところが異色だが、翼折り畳み機構と機銃増備のため装弾数は各銃240発、合計1440発まで減ってしまった。搭乗員からするとこの違いは大きい。「ダッシュ4」は以前の型より重量増大、速力低下をきたし、しかも射撃時間はほぼ半分の約18秒しかなくなったのだ。

この不利は結局FM-2でぬぐわれ、旧に復されるのだが、これは1942年初めの実戦で4銃装備でも充分とわかったため戻されたものである。加えてFMの場合は近接航空支援任務の頻度が高まったことから弾薬増備の要求が高まったこともあった。それによって「弾切れ」までの時間を増すことができるからだ。

米海軍戦闘機部隊は原則として2種類の機銃軸線調整法を使っていた。もっとも一般的であったと思われるのは6射線すべてを機体の前方1000フィート（300m）の一点付近に収束させるもので、円のサイズは各部隊でさまざまだったが3ミル［編注：ミル＝mil。円周の1/6400にあたる弧に対する中心角、砲撃

の方位角の単位にも用いられる]程度の範囲がよく用いられた。この場合の3ミルは射程1000フィートで3フィート(91cm)の範囲に集束することを示し、すなわち直径1ヤードの円形パターンを作るのである。

　だが、この3ミル整合をうまく使いこなせるのは空中射撃の名手ぐらいのものだった。ほとんどの搭乗員はそれほど腕利きではないから、なりゆきとしてより広範囲の散布法が開発された。各組の機銃を異なる距離、普通は内から外へおのおのの射界を250、300、350ヤード(210、274、292m)に調整するもので、この「射界散布式照準規正」は1943年ガダルカナルの第11戦闘飛行隊でF4Fに乗ったゴードン・キャディ少佐から出されたものであった。前者の緊密な銃弾の円錐を作る射撃より破壊力は下回るものの、このように散布界を広げることで数発でも命中弾を得る可能性は増す。いずれにせよ日本機が機体に防弾板や自動防漏タンクをもたない事実があったため、それだけでもしばしばかなりの効果を示し得たのだ。

　おそらく米海軍は、完全偏向射撃法を主用した世界でも唯一の航空兵力だったのではなかろうか。大方位角の場面でも有効な射撃を行うため反射式照準器が開発され、複葉機時代から残っていた望遠鏡式照準器にとってかわった。F4FではN-2型かMkⅧ型がもっとも多用されており、後者が標準装備となる。これは照準の中心に1ミルを表す点か星印があり、それを偏差計算を助ける50、100ミルの円が囲んでいるのが特徴であった。「3分の2の法則」と呼ばれる早分かりのルールがあって、整合射程(1000フィート)時の正しい偏差が目標速力の3分の2となるのである。つまり速度300ノット(約560km)の敵と側面より接敵した場合は200ミルの偏差を要することになる。

　英海軍航空隊の射撃原理はほとんどアメリカの用法と軌一で、同じ武器を使うのだからこれは別段驚くことではない。ただし英海軍の標準収束距離は250ヤード(180m)で、米海軍の好んだ射界散布式照準規正は明らかに使っていない。中央の星印を50、100ミルの輪が囲む米軍標準型光像照準器MkⅧはマートレットでもひろく使われた。

　英海軍航空隊の運用中、各部隊の装填弾種の選定にバリエーションが存在したと見られる。1941年護衛空母「オーダシティ」に乗艦した第802飛行隊の場合、使用機MkⅡは通常弾4発につき徹甲弾1発を搭載した。1943年、第800飛行隊のMkⅣは主翼内側および外側の機銃にに焼夷弾、中央の機銃に徹甲弾を装填しているが、同時期第881飛行隊のMkⅧは通常弾5対徹甲弾2の割合で使用した。機銃4挺装備へ戻ったMkⅤ、Ⅵでは内側に焼夷弾、外側に徹甲弾が標準となり、部隊によっては同一弾帯に徹甲弾と焼夷弾を混用して同じ効果を得ていた。

　特定任務に対し配慮がなされた例も戦闘報告から示されている。たとえば1944年初め、第882飛行隊のMkⅤは対地掃射時の照準効果を狙って1射線に曳光弾と徹甲弾を混用。翌年3月同部隊がBf109と交戦した際の弾帯は焼夷弾20、徹甲弾20、曳光弾20、通常弾20だった。そのほか、英海軍航空隊の戦闘機は曳光弾をあまり多用しなかったことが明らかとなっている。

　空中射撃と地上掃射はわきにおいて機銃以外の装備について見ると、ワイルドキャットの場合これが滅多に使われなかった。もっともF4FもFMもそのような別種類の火器を目標に命中させる能力を示しており、ときにそれが瀬戸際の状況下であったりもする。F4Fがもっとも戦果をあげた空襲作戦がもっとも希少な装備で行われたのは皮肉な話だ。ウェーク島での第211海兵戦闘飛行隊

の大活躍は、勤勉で熱心な搭乗員と兵器担当員が可能たらしめたものだが、彼らは海軍の爆弾架に陸軍用の100ポンド(45kg)爆弾を装着してしまった。降下爆撃の訓練をほとんど受けていなかったにもかかわらず、「レザーネック」[訳注：Leatherneck．荒くれ海兵隊の象徴]搭乗員は島の守備隊が倒されるまでに日本駆逐艦1隻を撃沈、軽巡1隻を撃破したのだ。

　一通りFM-2が数的戦力を整えると、護衛空母搭載のワイルドキャット隊は5インチ高速航空機用ロケット弾(High Velocity Aircraft Rocket：HVAR)による高い攻撃能力を獲得する。これを両翼各3発搭載したFM-2は、敵の掩体陣地や艦船に対しても有効な、駆逐艦1隻の舷側火力にほぼ匹敵する能力を得たのだ。ただしHVARは推進薬が切れたあと弾道がすぐ落ちるため照準合わせの上で厳しい問題があり、かなり接近しての発射が要求された。

カラー塗装図　解説
colour plates

1
F4F-3　白のF-1　1942年5月7日　空母「レキシントン」
第2戦闘飛行隊長　ポール・H(ヒューバート)・ラムゼイ少佐
この日ラムゼイが零戦2機撃墜(および不確実撃墜1機)の初戦果を達成した際の乗機。国籍表示は当時大判のものが広く使われていたが、本機はまだ小型のものを胴体かなり後方に付けている点がめずらしい。ラムゼイは翌日にBf109(実際は零戦)撃墜1、その他不確実撃墜1を報告。のち第11補充空母航空群司令となる。第2戦闘飛行隊は17機撃墜の戦果をあげたがすべて5月7～8日に記録。このF4F-3は本戦域内で活動する大多数の機体に準じ、本来の胴体コード「2-F-1」(第2戦闘飛行隊1番機を示す)から隊番号を除いた省略型となっている。

2
F4F-3　製造番号3976/白のF-1　1942年4月10日　空母「レキシントン」
第3戦闘飛行隊長　ジョン・スミス・(「ジミー」)・サッチ大尉
1941年8月にブルースターF2Aから機材更新した第3戦闘飛行隊は、開戦時F4F-3を定数18機のところ10機しかもっていなかった(もう1機をサンディエゴ海軍基地から借りていた)。1927年に海軍大学を卒業したジミー・サッチは、1939年6月射撃士官として第3戦闘飛行隊に着任、同隊から出て艦隊射撃術トロフィーを獲得した優秀チームの指揮をとり、その後副長を経て1940年12月に隊長となる。この機体は1942年2月20日、サッチが味方空母機動部隊を追撃(ついじょう)中の川西九七式大艇1機を列機と協同で撃墜した際の乗機で、同日の後にノエル・A・M・ゲイラー大尉が搭乗した一式陸攻1機を撃墜。なおサッチ自身もこの日F-13号機で一式陸攻1機を撃墜、そのほかに同1機撃破[編注：2機による協同撃墜ともいう]を記録した。この機体は日本機撃墜を示す旭日旗3個と第3戦闘飛行隊の固有エンブレム「フェリックス・ザ・キャット」で飾られているほか、つや消しブルーグレイ／ライトグレイ塗装の境界線が初期の機体でよく見られるほ高めの位置となっている。また海軍の標準規定通りカウリング両側面にも個機番号を記入。歴戦の本機も珊瑚海海戦で第2戦闘飛行隊が使用中に失われた。

3
F4F-4　製造番号5093/白の23　1942年6月4日
ミッドウェイ　空母「ヨークタウン」　第3戦闘飛行隊長
ジョン・S・サッチ少佐
第3戦闘飛行隊は1942年5月、カネオヘ湾で機材のF4F-3を第212海兵戦闘飛行隊へ引き渡し、F4F-4に機材更新の上ミッドウェイ海戦参加のため空母「ヨークタウン」に搭載された。だがサッチは悲運の沈没を遂げた空母「レキシントン」の第2戦闘飛行隊に部下搭乗員をとられてしまい、第42戦闘飛行隊から熟練の基幹搭乗員が加わったものの、大半は未経験の新人少尉を使って部隊の根本的立て直しをしなければならなかった。ジ

ミー・フラットレーが6機小隊制(2機分隊3個)を使い続けたのと対照的に、サッチは基本戦術単位として4機小隊制を重用。自隊や海軍全体の戦術開発のなかでは、高度面の優位を確保しない状況で戦闘に入る際は防御戦術をとるよう力説した。「ファイティング・スリー」指揮の実績を買われ殊勲章を受章。サッチはこの機体で零戦3機を撃墜、同じ日に引き続き新しいF-1号機で艦攻1機を落とし(および不確実1機を報告)、合計戦果を確実撃墜6機、不確実撃墜1機とした。本機は6月6日、航行不能となった母艦「ヨークタウン」の転覆沈没を防ぐためトップウェイトの減少策として艦外投棄された。

4
F4F-3　製造番号4031/白のF-15　1942年2月20日
空母「レキシントン」　第3戦闘飛行隊
エドワード・H・(「ブッチ」)オヘア大尉
「ブッチ」・オヘアは当日の戦い(米側呼称：「ブーゲンビル海戦」)で本機を用い、来襲した第4航空隊の三菱製一式陸攻一一型を出撃1回で5機撃墜、不確実撃墜1機と報告。オヘアはF6Fでさらに2機撃墜したが1943年11月、戦死する。第3戦闘飛行隊はブーゲンビルとミッドウェイを合わせワイルドキャットで約36のスコアを記録。歴史的価値のある本機だが、もともとは第211海兵戦闘飛行隊の所属でオアフ島の猛攻から生き残ったもの。第3戦闘飛行隊のあと第2戦闘飛行隊へわたり、珊瑚海海戦でも空母「ヨークタウン」へ退避してわずか6機の同隊残存機に入った。そして第42戦闘飛行隊へ引き渡された本機は1944年7月29日、第23海兵航空群からきた搭乗員により登録を抹消された。

5
F4F-3　製造番号3986/白のF-13　1942年4月10日
空母「レキシントン」　第3戦闘飛行隊　エドワード・H・オヘア大尉
サッチと並んだ有名な写真を撮影した1941年4月10日の飛行でオヘアが乗った機体であるF-13号は、ブーゲンビル方面作戦の際もかなりの実戦を経験した。たとえば2月20日はサッチ、ノール・ゲイラー大尉、リー・ヘインズ大尉が搭乗、サッチが1.5機を撃墜している。このF4Fは当時の標準的マーキングで、方向舵の紅白ストライプは舵軸からうしろのみに施され、国籍表示は中判である。舵面ストライプと国籍表示の赤い点は1942年5月15日以降削除されたが、一方前年末からコード表示色の白が漸次黒に転換されていた。本機は珊瑚海海戦中第2戦闘飛行隊が使用、失われた。

6
F4F-4　製造番号5192/黒のF12　1942年8月7日　空母「サラトガ」
第5戦闘飛行隊　ジェームズ・ジュリアン・(「バグ」)サザーランド大尉
空母「サラトガ」を発艦したサザーランドが、ガダルカナル方面作戦初の日

本機撃墜2機を記録した機体だが、彼は爆撃機2機撃墜後、自らも台南航空隊の坂井三郎一飛曹に撃墜された。本機が正式に登録を抹消されたのは9月30日で、損失から1カ月以上も経ってからのことであった。一方サザーランドの次の撃墜は1945年4月（当時階級は中佐）の三式戦2機、零戦1機まで待つこととなった。第5戦闘飛行隊のワイルドキャットは他部隊よりFの表示コードを長期間残していたことと、キャノピー可動レール直下に黒でニックネームを記入していた点が独特。F-12号は本来モーティマー・C・（「ジュニア」）クリーンマン少尉の乗機だった。

7
F4F-3A　製造番号3916/白の6-F-5　1941年12月7日
空母「エンタープライズ」　第6戦闘飛行隊
ジェームズ・G・ダニエルズ少尉

小型の星印、白の隊番号・任務・個восก番号をすべて記入し、方向舵のストライプは未記入と開戦時の艦隊配備ワイルドキャットが施したマーキング状況を示す。ダニエルズは開戦初日、危うく味方対空砲火で撃墜されるところだったが事なきを得た（なんと部隊の僚機5機が失われた）。エースまではいたらなかったが協同で1機撃墜（公認0.33機）、他0.33機の不確実撃墜を公認されている。もっとも所属の第6戦闘飛行隊は部隊として上々の戦果をあげており、隊員に2名のワイルドキャット・エースがいる。5機撃墜のリー・マンキン中尉、F4Fで8機撃墜、のちF6Fで3機を加えるドナルド・E・ルニオン少尉である。

8
F4F-3A　製造番号3914/黒のF-14　1942年2月1日
空母「エンタープライズ」　第6戦闘飛行隊
ウィルマー・E・（「ビル」）・ラウィー大尉

ビル・ラウィーは本機で太平洋戦争の米海軍初撃墜を記録。マーシャル諸島タロア島上空で、機体は千歳航空隊の三菱製九六艦戦、倉兼義男大尉機であった。同年6月4日に0.33機撃墜を加える。

9
F4F-4　製造番号5075/黒の20　1942年8月24日
空母「エンタープライズ」　第6戦闘飛行隊
ドナルド・ユージン・ルニオン機関曹長

米海軍下士官搭乗員最上位撃墜記録保持者のひとり、かつ第2戦闘飛行隊分隊長16名のひとりドン・ルニオンは、第6戦闘飛行隊で8機を撃墜、中尉進級後の第18戦闘飛行隊時代にも3機の戦果を加えた。この機体はロングアイランド工場製で1942年2月10日海軍へ納入、4月1日、第6戦闘飛行隊へ配備され、東京空襲のB-25を載せたホーネットに随伴し、ミッドウェイ海戦に参加、8月25日付で第5戦闘飛行隊へ移管し、機番を黒の38とされた。10月15日、ヘンダーソン飛行場で空襲により全損。着艦指示士官（Landing Signal Officers：LSO）が機の進入姿勢を測定するためのいわゆるLSOストライプを垂直安定板左側に記入している。

10
F4F-4　白の18　1942年8月　空母「エンタープライズ」
第6戦闘飛行隊　ハワード・スタントン・パッカード一等操縦士

ハワード・パッカード一等操縦士は1942年6～8月の期間中第6戦闘飛行隊で撃墜1機、不確実撃墜1機、撃破2機のスコアをあげた。この年3月、第2戦闘飛行隊から「ファイティング・シックス」へ移った下士官操縦士10名のひとりで、のちに空戦殊勲十字章を受賞。パッカード機は第6戦闘飛行隊のなかでも特異な機体で、白の機体コードと旭日旗の戦果表示を用いている。

11
F4F-4　黒の9-F-1　1942年11月「トーチ」作戦時　空母「レンジャー」
第9戦闘飛行隊　ジョン・レイビー少佐

「トーチ」作戦用として付けられた国籍標識の黄縁のほかは、標準的なマーキングのF4F-4。レイビーの部下搭乗員の大半は経験不足が目立ち着艦回数25回以下のものも多かった。あいにく対抗したフランス側搭乗員は「フランスの戦い」のエースまでいる、かなりの熟練者集団であった。その上カーチス・ホーク75がF4Fより運動性敏ดูกだったためヴィシー・フランスは自軍領域の制空権をとる。だがF4F搭乗員からすればそれでも「トーチ」作戦は授業料の安い練習場であった。レイビー自身LeO451とカーチス・ホーク各1機を撃墜、ホーク1機の不確実撃墜を報告している。

12
F4F-4　製造番号03417/白の19　1942年10月26日
空母「エンタープライズ」　第10戦闘飛行隊
スタンリー・ウィンフィールド・（「スウィード」）・ヴェイタザ大尉

第5偵察飛行隊時代の1942年5月、3機撃墜を記録したヴェイタザは、第10戦闘飛行隊で7.25機撃墜（および不確実撃墜1機）を加えるが、おどろくべきことにこのうち7機が10月26日にたった1回の出撃であげたもの。

13
F4F-4　製造番号5238/白の14　1943年1月30日
空母「エンタープライズ」　第10戦闘飛行隊
エドウィン・ルイス・（「ホワイティ」）・フェイトナー少尉

第10戦闘飛行隊所属期間中に確実撃墜4機、不確実撃墜1機を数えた「ホワイティ」・フェイトナーは、1943年1月30日、本機で一式陸攻3機を撃墜した。1944年、第8戦闘飛行隊所属の第二次前線勤務期間（F6F使用）中撃墜5機、不確実撃墜1機を加える。この機体は空母「エンタープライズ」搭載機としてはめずらしくLSOストライプがない。

14
F4F-4　白のF21　1943年6月　ガダルカナル
第11戦闘飛行隊　ウィリアム・ニコラス・リオナード中尉

それまでの実戦経験から新装備の58米ガロン（219.5リッター）翼下増槽をつけたF4F-4の運動性がぎりぎりいっぱいと判断していたリオナードは、実際飛んでみて増槽装着状態の機を「ワン公」［訳注：Dog＝鈍臭い奴］と評した。第42戦闘飛行隊で2機、第3戦闘飛行隊で2機を撃墜しており、第11戦闘飛行隊でも1943年6月12日に零戦2機を加えた。当時の状態を示す図の機体はコクピット下に撃墜マーク5個とごく小さい「サンダウナーズ」バッジをつけている。機体コードにまだ任務表示のFが付いているのは、1943年6月というかなり遅いこの時期ではきわめてまれな例。
［訳注：サンダウナーズのマークは水平線の太陽にF4Fと思しき2機が銃撃を加える絵柄。かなり露骨な内容だがVF-111で使われている］

15
FM-2　白の17　第26戦闘飛行隊　1944年10月
護衛空母「サンティー」

上面艶消しブルーグレイ、下面ライトグレイの塗装は1944年3月から全面ダークグロスシーブルーにとってかわられ、マーキングもインシグニアホワイトとなる。このFM-2は翼下の増槽が銀色だが、これは終戦までブルー塗装のものより一般的に見られた。第26戦闘飛行隊は部隊マーキングとして垂直尾翼上端部に白の細線2本を巻いた柄を用いる。ハロルド・ファンク少佐は第23戦闘飛行隊で勤務中の1943年9月8日に戦果1機をあげたのち、1944年10月24日、第26戦闘飛行隊で6機を加えエースの仲間入りをした。

16
F4F-4　黒の41-F-1　1942年初頭　空母「レンジャー」
第41戦闘飛行隊　チャールズ・トーマス・ブース二世少佐

チャールズ・ブース機は1942年5月まで使われた方向舵の紅白ストライプ、省略のない黒のコード表示、国籍表示は特大型。ただし本機の場合、僚機の多くが風防直下に付けていた、猪の頭をかたどった「レッド・リッパーズ」［訳注：Red Rippers＝赤い殺し屋］のインシグニアを付けていない。ブースは「トーチ」作戦中第41戦闘飛行隊を指揮し、部隊合計戦果14機のうちドヴォアチーヌD.520 1機を報告。しかしワイルドキャット隊の戦果も英軍機2機を誤認撃墜して台無しとなってしまった。偵察部隊のスピットファイア1機（黒色塗装のBf109ととられた）とハドソン1機（LeO451と報告）がそれである。
［訳注：レッド・リッパーズのインシグニアは雄猪の頭を乗せた赤い稲妻印のエンブレム。よりていねいに訳すと「赤い切り裂き魔」。現在はVF-11が使用］

17
F4F-4　黒の41-F-22　1942年11月「トーチ」作戦時
空母「レンジャー」　第41戦闘飛行隊
チャールズ・アルフレッド・（「ウインディ」）・シールズ中尉

銀星章受章時の感状や公式戦果リストでは、「トーチ」作戦中の撃墜を2機のみとされているが、シールズのスコアはもっと高い4機とする資料も

ある。D.520 1機を撃墜後自分の列機を襲おうとしていたホーク2機を攻撃、うち1機を落とし、残りはわざと生かして他機に始末させた。その後ホークをもう1機、離陸中のダグラスDB-7 1機を撃墜したが自らも撃墜され落下傘降下する。1944年11月、第4戦闘飛行隊でさらに1機（三式戦）を撃墜しているため、シールズはれっきとしたエースの条件に達していた可能性もある。

18
F4F-3　製造番号2531/黒のF-2　1942年5月8日　空母「ヨークタウン」
第42戦闘飛行隊　エルバート・スコット・マカスキー少尉
4発哨戒飛行艇を協同撃墜していたスコット・マカスキーが、珊瑚海海戦時初の単独戦果として日本空母「翔鶴」搭載の零戦1機を撃墜した際の乗機。かれは損傷した空母「レキシントン」に着艦したが、艦はこの機を乗せたまま炎上沈没してしまった。マカスキー自身の戦歴はまだ先が長く、「ファイティング・スリー」へ移ってワイルドキャットでの戦果を合計6.5機とした上、第8戦闘飛行隊でヘルキャットに乗り7機撃墜を加えている。F4Fでの戦果中3機は、「ヨークタウン」を沈めようと決死の攻撃をかける九九艦爆18機をワイルドキャット12機で捕まえた際のものだが、母艦は3発被弾で致命的打撃を受け、のち日本潜水艦に撃沈される。

19
F4F-4　製造番号02148/黒の30　1942年8月　空母「ワスプ」
第71戦闘飛行隊　クートニー・シャンズ少佐
1942年8月7日黎明のツラギ攻撃で本機搭乗のシャンズは敵機5機を掃射破壊した。彼はもう1機地上破壊の戦果をあげているが、空中戦では戦果を残せなかった。

20
F4F-4　製造番号02069/白の27　1942年10月26日
空母「ホーネット」　第72戦闘飛行隊　ジョージ・ルロイ・レン少尉
当日レンは本機で艦攻5機を撃墜、「ホーネット」が航行不能となったため損傷状態の「エンタープライズ」へ着艦した。その後、この日ほどの成功はなく、彼の最終戦果は5.5機である。なお機体はこの後第10戦闘飛行隊へわたり、1943年5月、本国返送の上オーバーホールを実施、実用訓練部隊で使用期限を終えた。

21
F4F-4　黒の29-GF-10　1942年11月「トーチ」作戦時
護衛空母「サンティー」　第29護衛空母戦闘飛行隊
ブルース・ドナルド・ジャック少尉
「トーチ」作戦時の第29護衛空母戦闘飛行隊指揮官はジョン・トーマス・（「トミー」）・ブラックバーン大尉。のちにF4U装備の第17戦闘飛行隊で名をあげる彼は、大戦前期のこの時点ですでに熟練の母艦搭乗員だったが、「トーチ」作戦時の指揮ぶりはもうひとつで部隊戦果を1機しかあげられなかった。その1機が下っ端少尉ジャックの戦果で、ブロック174とされたが実際はポテーズ63であった。

22
FM-2　三角に7　1944年6〜10月　護衛空母「ホワイトプレーンズ」
第4混成飛行隊　リオ・マーティン・ファーコ大尉
マーティン・ファーコは第4混成飛行隊の戦果12機中4機を占めた。10月24日零戦2機、翌日天山2機を撃墜。このFM-2はめずらしい上面艶消しブルー、下面ホワイトの塗装で、これは大西洋方面で見られることのほうが多い（ちなみに同方面で米海軍のワイルドキャットがあげた対独軍機戦果は第4戦闘飛行隊の2機のみ）。

23
FM-2　白のB6「マー・ベイビー」　1944年10月24日
護衛空母「ガンビアベイ」　第10混成飛行隊
ジョセフ・D・マクグロウ少尉
鼻息を吹くタツノコのインシグニアと第10混成飛行隊の隊識別符号Bを付けたマクグロウの乗機。コクピット下に搭乗者名、カウリングに愛称「MAH BABY」、および最初の撃墜数を示す旭日旗3個がある。エースの資格獲得の決め手となる2機は「ガンビアベイ」沈没後、第80混成飛行隊に編入されてから記録した。

24
FM-2　黒の4　1945年4月　護衛空母「アンツィオ」　第13混成飛行隊
第13混成飛行隊は1945年4月の短期間所属搭乗員の手で敵機8機撃墜、1機不確実撃破とかなりの戦果をあげた。ドゥグ・ハグッド中尉は4月6日零戦1機、九九艦爆1機を撃墜、同艦爆1機撃破と報告。このFM-2は緊急代替配備機として太平洋戦域へ急送されたものと見え、まだ北大西洋型塗装を施している。

25
FM-2　白の29　1945年4月　護衛空母「ペトロフベイ」
第93混成飛行隊　ハザーリー・フォスター三世中尉
混成飛行隊の一部は機体にはでな部隊識別マーキングを用いて行動した。なかでも第93混成飛行隊のものは胴体と右翼上面にクローバーをかたどっていて、もっとも目立つものであった。同部隊は6日間で17機を撃墜する活躍を見せており、そのうち4機はハザーリー・フォスターが撃ち落としたもの。

26
F4F-4　黒の29　1943年1月31日　第112海兵戦闘飛行隊
ジェファーソン・ジョセフ・ドブラン中尉
F4U搭乗時の戦果1機を含め合計戦果9機（および不確実撃墜1機）のドブランは、海兵隊のワイルドキャット・エース中11番の高位。本機種での戦果は1943年1月31日の1日であげた5機がしめくくりだった。彼は機が燃料不足の上損傷がひどかったため梢すれすれの高さからこれを放棄する目にあわされ、かつ日本側占領下のところへ落下したが、機をそばにある味方の島にいたコーストウォッチャーに目撃され救い出される。この機体は当時の典型的海兵隊所属機で、つや消しブルーとグレイの迷彩、大判国籍表示と黒の二桁機番を付け、所属部隊の目印は一切ない。

27
F4F-4　白の84　1942年10月　第121海兵戦闘飛行隊
ジョセフ・ジェイコブ・フォス大尉
ジョー・フォスは第二次大戦の海兵隊パイロットとしてはトップスコア保持者である可能性がある。「パピー」・ボイントンは海兵隊での戦果が22機で、このほか「フライング・タイガーズ」時代に6機の撃墜を報告しており、うち1.5機が確定地上破壊、2機が確実空中撃墜（報奨金が出ている）とされている。しかし、フランク・オリニク（米エース研究の専門家）が記録をリサーチしたところ、残りの2.5機の確認がとれなかった。オリニクはこれについて、ボイントンがこの戦果をあげていなかったと言っているのではなく、あくまで確認できなかっただけと丁寧に断りを入れている。ともかくこのような事例は米海兵隊エース・リストの頂点を占めるフォスの公認撃墜26機には、当てはまらないものと思われる。フォスはガダルカナル戦中零戦19機を撃墜し、そのー部は本図の機体搭乗時の戦果。

28
F4F-4　白の50　1942年11月　ガダルカナル
第121海兵戦闘飛行隊　ジョセフ・ジェイコブ・フォス大尉
リオナード・K・「デューク」・デイヴィス少佐の副官だったフォスは、1942年10月13日に初撃墜を記録した。彼は戦闘機乗りとしては年を取り過ぎていると見られていたが、天性の射撃屋ぶりから、たびたびの偵察部隊からの転属要望がとうとう認められたのだ。白の50号機でもいくつか戦果をあげており、たとえば1942年11月12日には撃墜記録の20〜22番目となる一式陸攻2機、零戦1機を落としている。この機体は「カクタス空軍」のF4Fにごく典型的なもので、個人または部隊マーキングのいずれも付いていない。

29
F4F-4　黒の53　1942年10月23日
第121海兵戦闘飛行隊　ジョセフ・ジェイコブ・フォス大尉
特徴のないこの機体は、フォスがこの日所属編隊僚機の後方に付いて攻撃していた零戦を撃って8機目の戦果と報じたときの乗機。彼は敵を高く買っており、「単機で飛んでいてゼロ1機と出会ったら死にものぐるいで逃げろ。おまえはすでに数で負けている」と語っていた。フォスは公認撃墜26機をもってガダルカナル戦線の最優秀搭乗員となる。

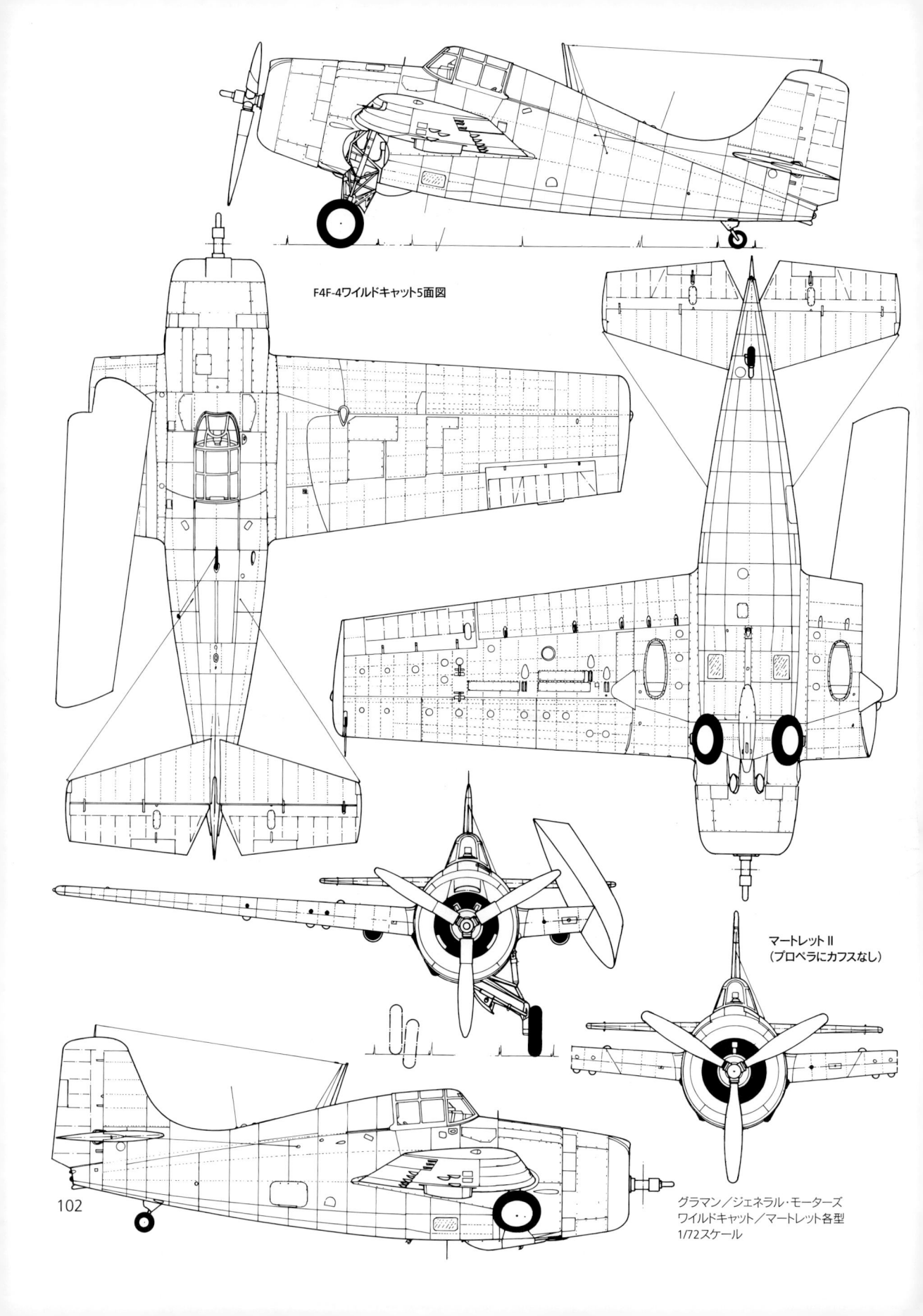

F4F-4ワイルドキャット5面図

マートレットⅡ
（プロペラにカフスなし）

グラマン／ジェネラル・モーターズ
ワイルドキャット／マートレット各型
1/72スケール

F4F-3ワイルドキャット

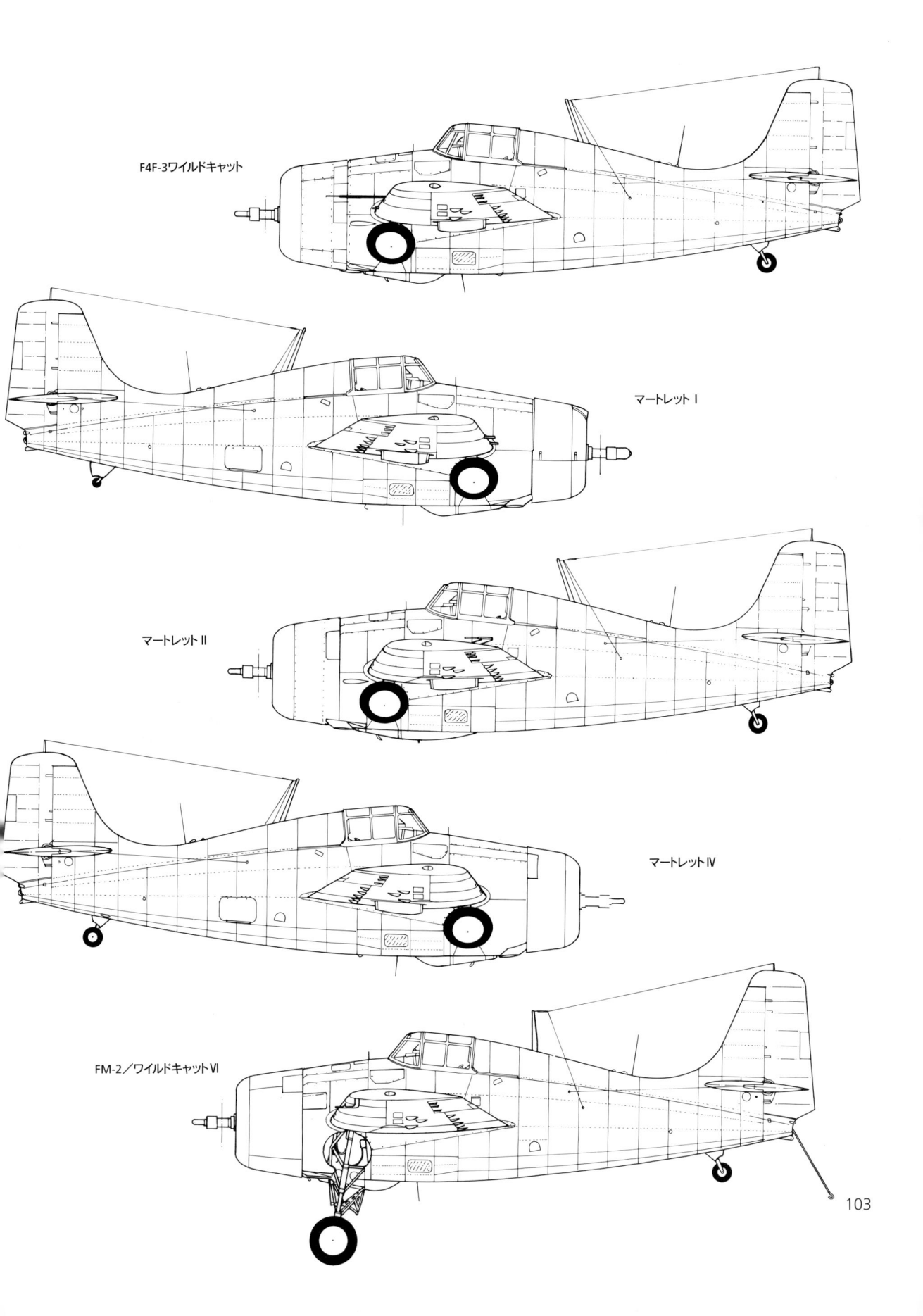

マートレット I

マートレット II

マートレット IV

FM-2／ワイルドキャット VI

103

30
F4F-3　黒の8　1942年9～11月　ガダルカナル
第212海兵戦闘飛行隊　ハロルド・ウィリアム・バウアー中佐
バウアーはガダルカナルの厳しい戦いのなかで合計10機撃墜（および不確実撃墜零戦1機）を数えたが、このうち1機は第224、4機（と上記不確実）は第223海兵戦闘飛行隊での戦果。なお海兵隊の公式リストはバウアーの戦果を10機としているが、これには彼自身が報告をやめた（！）不確実戦果も含まれている。バウアーは1942年10月23日当時ガダルカナルの戦闘機部隊総指揮官に任じており、「零戦を見たら格闘せよ！」との指示を出した楽天的かつ精力的な人柄で、「コーチ」あるいは「インディアン・ジョー」などと呼ばれた。だが同年11月14日ガダルカナル上空の戦闘で行方不明となり、議会名誉勲章を追贈される。乗機はカウリング前縁の白色塗装が特異。

31
F4F-4　製造番号02124/白の77　1943年4月7日
第221海兵戦闘飛行隊　ジェームズ・エルムズ・スウェット中尉
当日、零戦110機の護衛を受けた愛知製九九艦爆67機がガダルカナル周辺の艦船群を攻撃した。この大空襲に打撃を加えんと緊急発進した「カクタス」基地迎撃機76機のなかにスウェット率いる4機隊もあった。当時22歳の彼の機がこののち怒りの猛射を放つのである。艦爆15機編隊が集中する米側対空砲火を無視しつつ15000フィート（4600m）から身を翻して降下に入る。そこへスウェットが列機を従えて向かい、降下攻撃で2機を撃墜、他をかき回して離脱上昇させた。その後も目標区域から避退中の4機を落としたが、最後の機体の後方銃手に撃たれスウェット機は風防が飛散、エンジンも被弾して滑油が切れ停止した。スウェットは落下傘降下し、この損傷機（その前に味方40mm機関砲弾1発を受けて左翼に穴が開いていた）は未帰還となった。その後スウェットはF4Uを使って8機を撃墜する（その他不確実撃墜3機、彗星1/4機撃破）。

32
F4F-4　製造番号02100/黒の13　1942年8月　ガダルカナル
第223海兵戦闘飛行隊　マリオン・E・カール大尉
ガダルカナルの上位撃墜記録をもつ搭乗員たちは多くがそうだが、カールもまた運に恵まれていた。海兵隊搭乗員の死傷者38名中8名は最初の2日間で撃墜され、また実戦参加第1週で戦死したものは9名を数えるが、被墜者すなわち初心者というわけではない。フォス、ゲイラー、スミス、ドブラン、スウェットらはみな撃墜されながらも生還再起したし、ガダルカナルの海兵隊戦闘機隊でもっとも手腕の長けた搭乗員と論ぜられているバウアーは空戦で戦死している。マリオン・カールも例外ではなく1942年9月9日に本図の機体で撃墜されるが、ただちに別の「幸運の13」号機へ乗り換えた。

33
F4F-4　製造番号03508/黒の13　1942年9月　ガダルカナル
第223海兵戦闘飛行隊　マリオン・E・カール大尉
ほとんど護衛作戦を行わなくてよかったこと、また、日本側空母搭載戦闘機が味方飛行場のほぼ上空まで出向く場合が多かったことから、「カクタス空軍」は古来からいわれる守勢の利を存分に活用できたうえ目標にも事欠かない状況であった。かくして大きな戦果がうちたてられるところとなり、8月25日～11月15日の期間中、海兵隊は395機撃墜を報告、海軍の第5および第10戦闘飛行隊も戦果45機を加えた。対するF4Fの損失は101機。実際の日本側損失は約260機だったが、それでも撃墜・被墜比は2.5対1を上回っており、結果として勝利を確実たらしめた。戦果をたてた搭乗員の数自体はわずかしかいないものの、そのおのおのが撃墜数を大きくのばしている。カールの16.5機もその一例で、彼はのちにF4Uを用い2機を加えた。

34
F4F-4　白の2　1942年9月　ガダルカナル
海兵戦闘飛行隊（部隊・搭乗者不明）
海兵隊のF4Fは滅多に戦果表示を記入されなかった。このような飾りは敵機に対し余計な注意を引くものと考えられたのだ。しかし、「星条旗（スターズ・アンド・ストライプス）」ないしほかの宣伝紙誌の写真記者が前線巡回した短い期間中となると例外もある。本機はちょうどそんな訪問期間に飾りを記入されていて撮影されたもの。

35
F4F-3　白のMF-1　1942年9～10月　ガダルカナル
第224海兵戦闘飛行隊　R・E・ゲイラー少佐
ロバート・ゲイラーのF4F-3は赤いカウリング前縁と胴体ストライプがめずらしくカラフルな機体。コクピット可動レール直下に見える旭日旗13個が海兵隊公式戦果を裏づけるが、部隊記録では14機撃墜とされている。なお乗機のうち少なくとも1機は機首に「バーバラ・ジェーン（Barbara Jane）」の名を付けていた。1942年9～10月に重ねた戦果は14機と不確実撃墜3機、確認されたうちの7機が零戦。F4Fのみであげたこの総撃墜数をもってゲイラーはワイルドキャット・エース第4位の上位撃墜記録保持者となった。

36
マートレットⅠ　AL254/R　1941年11月8日
護衛空母「オーダシティ」　英海軍航空隊第802飛行隊
エリック・ブラウン中尉
その後テストパイロットとして有名となり（飛ばした機体は捕獲敵機の大半を含め多種にわたり、他の追随を許さない）、英海軍航空隊でも屈指の母艦搭乗員（着艦経験2400回）であるエリック・ブラウンは、1941年初め、第802飛行隊がドニブリストルでマートレットⅠを入手したころドイツ最新戦闘機との初空戦を記録した。同年11月8日、本機種で第40爆撃航空団（KG40）のFw200 1機撃墜を報告し初戦果をあげる。このマートレットⅠは仏海軍航空隊での運用を意図されていたが母艦運用の装備はなく、計器はメートル法で表示されていた。スロットルも引いて加速、押して減速となっていたが、これはまもなく英国標準と同じ操縦感覚で使えるよう改修されていた。本機はフランス陥落後英海軍へ引き渡された機体で、4挺の翼内機銃を本来の仕様であるダルヌ7.62mmから12.7mmに変更済。またエンジンはF4F-3のプラット＆ホイットニーR-1830が輸出禁制だったためライトR-1820-G205Aサイクロン、プロペラはハミルトン・スタンダードだった。

37
マートレットⅠ　BJ562/A　1940年12月24日
オークニー諸島スキーブレー　英海軍航空隊第804飛行隊
予備義勇兵パーク中尉
1940年のクリスマス・イブ、祝日相応の昼食をとったあと離陸したカーヴァー大尉とパーク中尉はスカパ・フロー上空でJu88 1機を視認。追跡の上エンジン1基を使用不能とし付近の地上に墜落せしめた。図の機体は標準的な英海軍航空隊戦闘機用迷彩と国籍表示を施し、この時期全英戦闘機が適用したのと同じスカイブルーの識別帯を胴体に巻いている。

38
マートレットⅢ　AX733/K　1941年9月28日
英海軍航空隊第805飛行隊　W・M・ウォルシュ中尉
第805飛行隊は1941～42年西部砂漠地帯で空軍部隊と並んで活動した英海軍戦闘機部隊の構成兵力で、ハリケーン装備の第803、806飛行隊と併用された。マートレット隊はサヴォイア・マルケッティSM.79 3機、Ju88 1機、フィアットG.50 1機の戦果を記録。
このG.50がW・M・ウォルシュ搭乗の本機による戦果だった。この部隊の所属機は当初全面カエジャーブルーだったが間もなく上面をストーンに塗り直し、砂漠でのカモフラージュに対応した。マートレットⅢは第806飛行隊も使用し、1942年8月、空母「インドミタブル」搭載でマルタ向け「ペデスタル」船団を護衛し4機撃墜を報告した。

39
ワイルドキャットⅤ　JV573　1945年2月
護衛空母「ヴィンデックス」　英海軍航空隊第813飛行隊
R・A・フリーシュマン＝アレン中尉
第813飛行隊は護衛空母運用部隊としてワイルドキャットⅤ4機小隊数個で編成された第1832飛行隊のF編隊が前身で、ソードフィッシュとフルマーを増強して護衛空母「カンパニア」、のち「ヴィンデックス」に配乗した。1945年初め、部隊搭乗員はJu88 3機を撃墜、うち1機を落としたフリーシュマン＝アレンは第842飛行隊所属時の1943年12月にもFw200 1機の戦果をあげていた。マートレット（のちワイルドキャット）ⅤはFM-1と同型でやはりジェネラル・モーターズ製だが、英海軍航空隊では本機もグラマ

ンと呼んでいた。図の機体は個機コードがないが、決してめずらしいことではない。

40
ワイルドキャット(マートレット)Ⅳ　FN135　1944年3月30日
護衛空母「アクティヴィティ」　英海軍航空隊第819飛行隊
R・K・L・イーオ中尉
第819飛行隊も混成部隊で、機材はワイルドキャットとソードフィッシュ、母艦は護衛空母「アクティヴィティ」であった。JW58船団護衛の1944年3月30日、イーオはJ・G・ラージ大尉と協同でJu88 1機を撃墜、以後3日間で部隊の搭乗員はFw200 2機、Bv138 1機を落とした。イーオはその後護衛空母「チェイサー」の第816飛行隊へ移り、1944年3月末日にBv138を1機撃墜している。

41
マートレットⅡ　AM974/J　1942年5月　マダガスカル
空母「イラストリアス」　英海軍航空隊第881飛行隊　B・J・ウォラー中尉
マートレットではもっとも戦果をあげた搭乗員のひとりで3機撃墜を手にしたウォラーの初スコアは1942年5月6日、バード大尉と協同のポテーズ63。翌日モラヌ=ソルニエMS406戦闘機2機を撃墜したが、これもおのおのJ・A・リオン大尉、C・C・トムキンソン大尉との協同である。なおこのときトムキンソンは別の1機を単独撃墜した。

42
ワイルドキャットⅣ　JV377/6-C　1945年3月26日
護衛空母「サーチャー」　英海軍航空隊第882飛行隊　バード中佐
第881飛行隊当時の1942年5月、ウォラーと協同でポテーズ63を撃墜したバードは、英海軍航空隊のワイルドキャットが実施した最後の作戦を指揮した。1945年3月26日、ノルウェー沖の哨戒任務で部隊はドイツ空軍第5戦闘航空団第Ⅲ飛行隊（Ⅲ/JG5)のBf109Gを4機撃墜、うち1機をバードが報告した。数字と文字を組み合わせた符号は英海軍航空隊のワイルドキャット/マートレットではよく見られ、二桁であったり三桁だったりもするが、末尾は必ず文字でこれが個機識別符号である。

43
マートレットⅡ　FN112/0-7D　1942年11月9日「トーチ」作戦時
空母「フォーミダブル」　英海軍航空隊第888飛行隊
デニス・メイヴォア・ジェラム大尉
マートレット搭乗員としてのスコアは上位でないが、英海軍航空隊唯一のエース搭乗員がジェラム。本機種での撃墜2、不確実撃墜1のほかハリケーンMkⅠ装備の英空軍第213飛行隊へ派遣されていたバトル・オブ・ブリテンで4機撃墜をあげた。「トーチ」作戦時はアルジェリアとその近辺で行動、11月6日ヴィシー空軍ポテーズ63 1機(実際はブロックMB.174、第52偵察航空団第2大隊(GRⅡ/52)所属機)撃墜を報告、同月9日アスティン中尉と協同でイツリJu88 1機を撃墜した。彼の乗機はラウンデルの上に米軍の星印を入れたうえ後部胴体に「U.S.NAVY」の銘まで付いている。ただし垂直尾翼のフィンフラッシュ上に、第888飛行隊の伝統的隊章を重ね描いてある。

パイロットの軍装　解説
figure plates

1
第224海兵戦闘飛行隊長　ロバート・E・ゲイラー少佐
1942年末の作戦期間中　ガダルカナル
第224海兵戦闘飛行隊のボス、ロバート・E・ゲイラー少佐。1942年末、海兵隊標準支給型夏期制服を着用。制服の左胸に金のネービーウイング徽章一組をピン止めし、その下に議会名誉勲章を含む綬帯2本がある。

2
第121海兵戦闘飛行隊　ジョー・フォス大尉
ガダルカナルの最上位エース　この飛行装備が当戦線の典型例
1943年1月、ガダルカナルのジョゼフ・J・フォス大尉を描写したもの。戦闘用の服装はゲイラーとかなり対照的。正装夏用飛行服、地球儀に錨の海兵隊バッジを付けた万能帽、海兵隊「開墾」ブーツの身だしなみ。着衣の革製バッジはネービーウイングと階級、USMCのタイトルを金色に打ち出し処理してある。手にもつのはAN-H-15ヘルメット、ゴーグル、救命胴衣。ピストルベルトに 45口径M1911A1拳銃、応急医療品、弾薬嚢、携帯用食器。

3
エリック・「ウィンクル」・ブラウン中尉　1941年11月
英海軍航空隊第802飛行隊でマートレットⅠに搭乗
ダークブルーの英海軍制服、それにマッチした厚手ウールのタートルネックジャンパー、標準支給型救命胴衣(メイ・ウェスト／Mae West)を着用した英802飛行隊所属エリック・「ウィンクル」・ブラウン中尉。1941年末の護衛空母「オーダシティ」艦上、保温快適を求めた着こなし。ヘッドギアも空軍標準支給型だが、小さめで幅が広い米国式ヘッドフォンが付いている。

4
FM-2の最上位エース　第27混成飛行隊長ラルフ・エリオット大尉
1944〜45年　護衛空母「サヴォアイランド」艦上
1944年末、護衛空母「サヴォアイランド」にて。飛行装具を全装備した状態で、AN-H-15署熱地用ヘルメット、ゴーグル、海軍夏用飛行服、空気注入式救命胴衣、座席敷級救命筏付きパラシュート、海軍飛行手袋、およびスミス&ウェッソン38口径リボルバー拳銃とサバイバルナイフをつける。

5
第21戦闘飛行隊の一大尉　1943年晩夏　ソロモン諸島
こちらの某海軍大尉は1943年中期ソロモン諸島の第21戦闘飛行隊に配属された人物で、カーキの夏服とA-2フライングジャケット、やはりカーキの軍帽を着用。

6
第3戦闘飛行隊の「ブッチ」・オヘア中尉　1942年初頭
グリーン／グレイ制服着用
1942年1月のE・H・「ブッチ」・オヘア中尉。グリーンとグレイの戦前型海軍搭乗員制服姿。袖口と襟についた階級章、左胸の「金の羽根」に注意されたい。

■原書の参考文献

D. Brown; Carrier Operations in WW II. Vol.I: The Royal Navy; US Naval Institute Press; 1974
J. Foss and W. Simmons; Flying Marine; Zenger Publishing; 1979
W. N. Hess; American Fighter Aces Album; American Fighter Aces Association; 1978
J. B. Lundstrom; The First Team; US Naval Institute Press; 1984
J. B. Lundstrom; The First Team and the Guadalcanal Campaign; US Naval Institute Press; 1994
T. Miller; The Cuctus Air Force; Harper and Row; 1969
F. Olynk; USMC Credits for Destruction of Enemy Aircraft in Air-to-Air Combat, WW II; Privately published; 1981
F. Olynk; USN Credits for Destruction of Enemy Aircraft in Air-to-Air Combat, WW II; Privately published; 1982
B. Robertson; Aircraft Camouflage and Markings 1907-1954; Harleyford; 1964
R. Sherrod; History of Marine Corps Aviation in WW II; Armed Forces Press, 1952
R. Sturtivant; British Naval Aviation: The Fleet Air Arm, 1917-1990; US Naval Institute Press; 1990
B. Tillman; Wildcat: The F4F in WW II; Nautical and Aviation Pub Co,; 1983
T. Y'Blood; Hunter-Killer; US Naval Institute Press; 1983

◎著者紹介｜バレット・ティルマン　Barrett Tillman

米国オレゴン州で過ごした少年時代から飛行機に親しみ、父親がドーントレスの実機を所有していた影響もあって、のちに米海軍航空関係の研究・調査と執筆に携わる。これまでに第二次大戦の航空に関する20冊以上の著作があり、また、雑誌に発表した記事は400以上にのぼる。このほかに小説もものしており、歴史、文学の分野で5つの賞を受けている。

◎日本語版監修者紹介｜渡辺洋二（わたなべようじ）

1950年愛知県名古屋市生まれ。立教大学文学部卒業。雑誌編集者を経て、現在は航空史の研究・調査と執筆に携わる。主な著書に『本土防空戦』『局地戦闘機雷電』『首都防衛302空』（上・下）『ジェット戦闘機Me262』（以上、朝日ソノラマ刊）。『航空ファン イラストレイテッド 写真史302空』（文林堂刊）、『重い飛行機雲』『異端の空』（文藝春秋刊）、『陸軍実験戦闘機隊』『零戦戦史「進撃篇」』（グリーンアロー出版社刊）など多数。訳書に『ドイツ夜間防空戦』（朝日ソノラマ刊）などがある。

◎訳者紹介｜岩重多四郎（いわしげたしろう）

1970年7月生まれ。山口県岩国市出身。関西大学文学部卒業。訳書に『第二次大戦駆逐艦総覧』『第二次大戦のソ連航空隊エース1939-1945』（いずれも大日本絵画刊）がある。現在岩国市に在住。

オスプレイ・ミリタリー・シリーズ
世界の戦闘機エース **8**

第二次大戦の
ワイルドキャットエース

発行日	2001年3月7日　初版第1刷
著者	バレット・ティルマン
訳者	岩重多四郎
発行者	小川光二
発行所	株式会社大日本絵画 〒101-0054 東京都千代田区神田錦町1丁目7番地 電話：03-3294-7861 http://www.kaiga.co.jp
編集	株式会社アートボックス
装幀・デザイン	関口八重子
印刷/製本	大日本印刷株式会社

©1995 Osprey Publishing Limited
Printed in Japan
ISBN4-499-22742-9 C0076

Wildcat Aces of World War 2
Barrett Tillman
First published in Great Britain in 1995,
by Osprey Publishing Ltd, Elms Court,
Chapel Way, Botley, Oxford, OX2 9LP.
All rights reserved.
Japanese language translation
©2001 Dainippon Kaiga Co., Ltd.